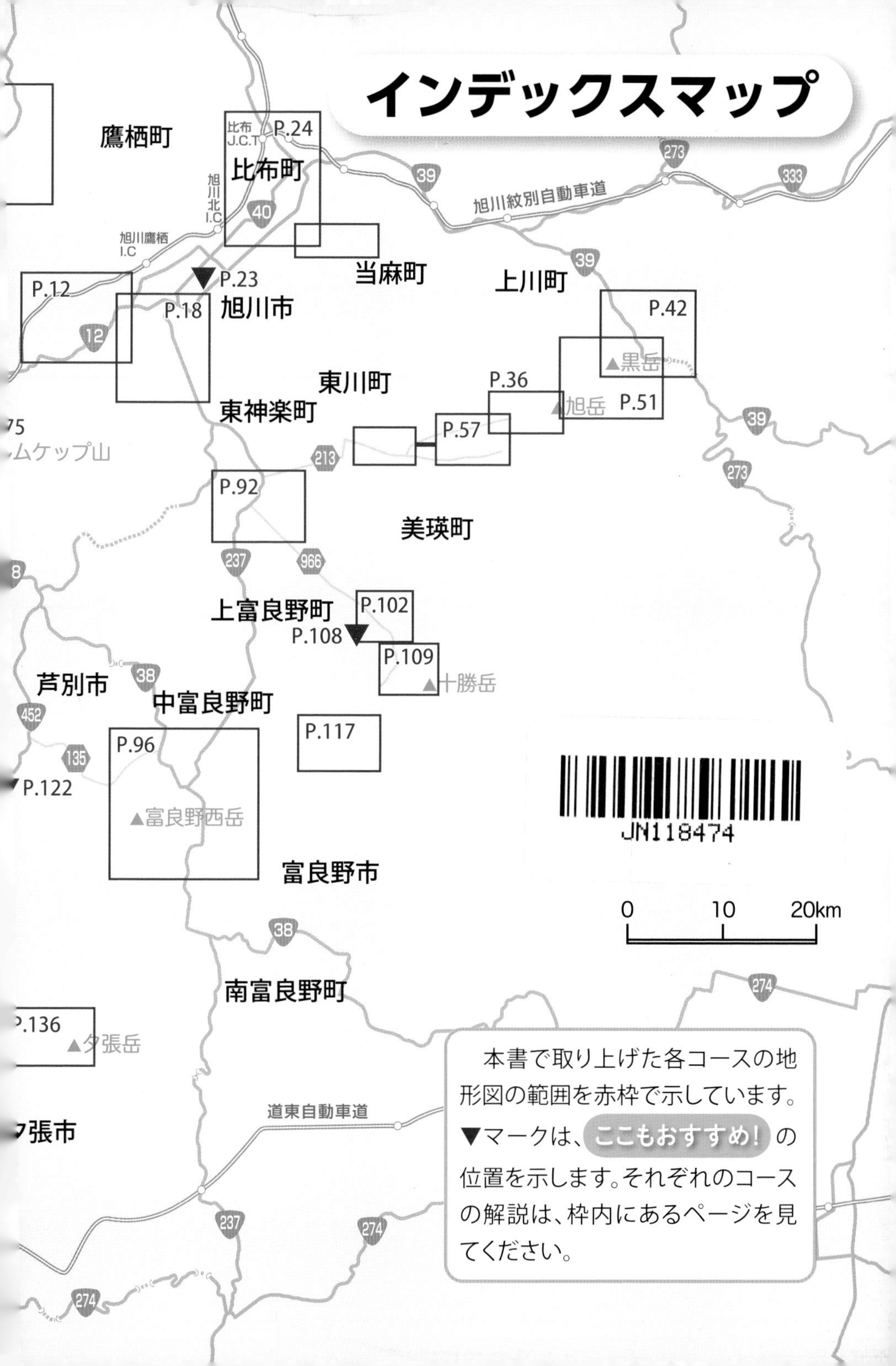
インデックスマップ
鷹栖町
比布町
比布 J.C.T
P.24
旭川北 I.C
旭川鷹栖 I.C
当麻町
上川町
旭川紋別自動車道
P.12
P.18
P.23
旭川市
東川町
東神楽町
P.42
黒岳
P.36
旭岳
P.51
P.57
ムケップ山
P.92
美瑛町
上富良野町
P.102
P.108
P.109
十勝岳
芦別市
中富良野町
P.117
P.96
P.122
富良野西岳
富良野市
JN118474
0 10 20km
南富良野町
P.136
夕張岳
道東自動車道
夕張市
本書で取り上げた各コースの地形図の範囲を赤枠で示しています。▼マークは、ここもおすすめ! の位置を示します。それぞれのコースの解説は、枠内にあるページを見てください。

見に行こう！

大雪・富良野・夕張の地形と地質

前田 寿嗣

北海道新聞社

序にかえて

北海道の中央部には、大雪山・十勝岳連峰が南北に連なり、そのふもとには層雲峡、美瑛、富良野などの有名な観光地があります。毎年、日本国内のみならず、海外からも大勢の観光客が訪れ、北海道の大自然を満喫しています。この豊かな自然は、北海道の大地が長い時間をかけて育んできたものです。その大地の生い立ちを知っていれば、目の前に広がる景色がきっとこれまでとは違ったものに見え、感動を新たにすることができるはずです。

本書は、2007年に出版した『歩こう！　札幌の地形と地質』(絶版)、2012年に出版した『行ってみよう！　道央の地形と地質』に続いて、空知・上川地方南部をエリアとして、地形の成り立ちと地質についてわかりやすく解説した案内書です。空知地方には、『地質あんない　空知の自然を歩く』という良書がありましたが、出版から33年以上経過しているため、現在では紹介されている観察地点の7割ほどの露頭がすでになくなっていたり、観察不可能な状態になっていました。また、美瑛や大雪山・十勝岳連峰については、一般向けの案内書がない空白地域でした。これらの地域について新たな案内書の作成をめざし、2013年から少しずつ観察地点の確認と新たなコースの調査を進めていきました。途中、『新版　歩こう！　札幌の地形と地質』の作成で1年間の中断はありましたが、2019年までに22コースを設定することができました。

本書では、コースの中に多くの人々が訪れる観光名所が数多く取り上げられています。そこから少し足をのばせば、また違った自然の姿を見られる地点もコースに組み入れています。美瑛はなぜ丘の町なのか、層雲峡や天人峡の切り立った崖は何なのか、富良野はなぜ盆地なのか、旭岳の姿見の池はどのようにできたのか、“青い池”はなぜそこにあるのか等々、本書ではこれらの素朴な疑問にも答えるようにしました。本書の役割は、まさにこのような“自然を観る目”を多くの人たちにもってもらうことにあります。

多くの登山愛好家がめざす大雪山・十勝岳連峰、夕張岳などの山々もコースに取り上げています。本書を登山の予備知識のひとつとして活用し、ぜひ登山道から地形をながめ、露頭で岩石を手に取ってほしいと思います。登山の楽しみがまちがいなく増えることでしょう。

これまでに出版した『地形と地質』と同様に、本書でも手軽に行けるコースを中心に取り上げましたが、登山コースの場合は、登山経験を積んだ方と同行するようにしてください。観察地点は、そこを訪れた人が実際に目にしたり、岩石などを手に取って見ることができる場所のみで構成してあります。したがって露頭が探しづらかったり、地質の専門家しか行けないような場所は取り上げていません。

本書を手にしてぜひ野外観察にお出かけください。そして、北海道のすばらしい景色の中に、あなた自身が驚くような発見があれば、本書の目的が達成できたといえるでしょう。

2020年3月

著者

見に行こう！ 大雪・富良野・夕張の地形と地質

序にかえて……………………2
この本の使い方……………………6
空から見た大雪山周辺の地形……………………8
出かける前に……………………10

第1章 旭川周辺

● **神威古潭・嵐山** 世界的な変成帯……………………12
● **上川盆地南西部** 台地をつくった火砕流……………………18
ここもおすすめ！ **旭川層の植物化石**……………………23
● **突哨山・当麻** 平野に残された小山……………………24
● **幌加内** めずらしい岩石と鉱物の産地……………………30

第2章 大雪山

● **旭岳** “神々の遊ぶ庭”に見る火山地形……………………36
● **層雲峡** 石狩川に刻まれた大規模火砕流……………………42
● **黒岳** 大雪山をつくる火山群とカルデラ……………………51
● **天人峡** 火砕流の絶壁がおりなす景観……………………57

第3章 滝川・沼田・雨竜

● **滝川** 平野に眠るカイギュウ……………………64
ここもおすすめ！ **徳富川のタカハシホタテ**……………………69
● **沼田** 化石王国を訪ねる……………………70
ここもおすすめ！ **沖里河山山頂**……………………75
● **ホロピリ湖周辺** 沼田の化石と古第三紀層……………………76
● **尾白利加川** 海の時代を語る地層……………………80
● **雨竜沼湿原** 溶岩台地に広がる高層湿原……………………85

目次

第4章 美瑛・富良野

- **美瑛** 火砕流堆積物でできた丘陵地……92
- **富良野** 活断層でできた盆地と火砕流台地……96
- **白金温泉** 火砕流台地と火山防災……102

ここもおすすめ! **富良野川2号透過型ダム**……108

- **十勝岳** 間近に見る活火山……109
- **原始ヶ原** 十勝岳連峰の溶岩と湿原……117

ここもおすすめ! **三段滝**……122

第5章 三笠・夕張

- **三笠** 化石の宝庫……124
- **夕張** 石狩炭田のおもかげ……130
- **夕張岳** 蛇紋岩メランジュが生み出した地形……136

ここもおすすめ! **ゆめっく館**……143

- **川端・滝ノ上** 傾いた地層がつくる絶景……144

用語解説……148

本書掲載エリアの
地質がわかるホームページ・博物館など……157

参考・引用文献……158

あとがき……159

豆知識

様々な変成岩……34
溶結凝灰岩……50
化石からわかるタカハシホタテの生態……74
地層の走向と傾斜……84
石炭の種類……135

この本の使い方

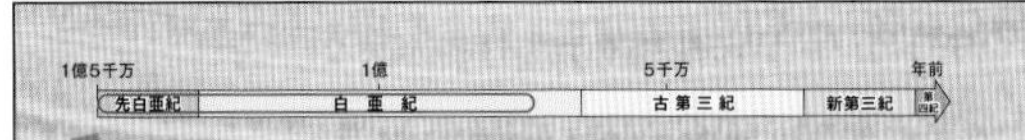

神居古潭・嵐山　世界的な変成帯

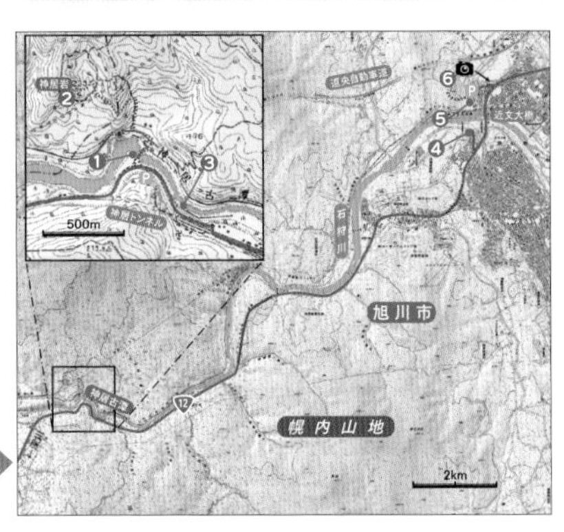

ルート　国道12号→Ⓟ神居古潭 −1分→ ❶神居大橋下 −20分→ ❷神居岩下 −5分→ ❸神居トンネル口
❹水神龍王神社→Ⓟ嵐山公園 −6分→ ❺北邦野草園ロックガーデン→ −20分→ ❻嵐山展望台

みどころ　神居古潭は、上川盆地に流れ込んだいくつもの川が石狩川に合流し、その流れが幌内山地を横切って、まさに石狩平野に出ようとするところにつくられた峡谷です。ここは昔から景勝地として知られていますが、川岸に沿って変成岩＊が連続して見られるため、変成岩の研究地点として世界的に有

12

年代スケール

コースで観察できる地質のおよその年代の範囲を赤い囲みで示しています。年代は右ほど新しくなります。

地形図

方位はすべて上が北です。観察地点の番号と位置、本書の説明に沿ったコースを赤で示しています。車で移動する部分は実線、歩く部分は点線で表示しています。トンネルは濃い灰色、おもな覆道はうすい灰色になっています。

カメラマークのある地点では、説明に掲載されている写真の方向を矢印で示しています。

ルート

観察地点の番号は地形図および本文の観察地点番号と対応します。Ⓟは駐車場のある観察地点です（一部は有料）。地点間のおよその距離は、地形図のスケールで見てください。徒歩の部分は大人が片道にかかる時間をのせました。次の地点への→がつながらないところは、前の地点や駐車場まで引き返すことが必要です。

みどころ

このコースでどのような地形や地質が見られるのか、観察のポイントを紹介し、考えたり、知ったりしてほしいことが書かれています。

ここもおすすめ！

本書のところどころに「ここもおすすめ！」のページがあります。ほかの観察地点から少しはなれていますが、ぜひ訪れてほしい場所です。

注意

このコースは、朝早くに出発すれば、十分に日帰りできますが、登山経験のある中～上級者向きです。層雲峡温泉から黒岳山頂までは約 1330m の標高差があり、ふもとと山頂付近では天候が全く違うことがあります。層雲峡ビジターセンターなどで必ず登山情報を確認してください。気温はふもとより 10℃くらい下がるので、夏場でも防寒具が必要です。トイレは 5 合目のロープウェイ駅と黒岳石室にしかないので、携帯トイレを持参しましょう。

❶ "マネキ岩"　取り残された岩塔

7合目の登山事務所で入山届を書いて、山頂をめざしましょう。山頂までの登山道には、上から崩れてきたと思われる岩塊がしきつめられており、ひたすら急な登りが続きます。岩はどれも安山岩(あんざんがん)*で、白い斜長石*の斑晶(はんしょう)*が目立ちます。どうやら黒岳は溶岩*でできているようです。

▲"マネキ岩"と付近の紅葉

9合目を過ぎると、"マネキ岩"と呼ばれている岩塔(がんとう)が前方に見えてきます。この岩は、まわりの岩が崩れ落ちて取り残されたものと考えられます。不規則な割れ目がかなり入っているので、この岩塔もいずれ崩れていくでしょう。このあたりの急斜面は、秋には一面の草木が赤や黄色に染まる絶景ポイントとなります。

❷ 黒岳山頂

雄大な景色と削られた溶岩ドーム

黒岳の山頂に着くと、晴れているときには視界が一気に開け、大雪山の雄大な景色が目に飛び込んできます。だれもがそのスケールの大きさに圧倒されます。西を見ると、おわんを伏せたような形の桂月岳(けいげつだけ)と凌雲岳(りょううんだけ)がならび、その左下には黒岳石室(いしむろ)の建物と雲(くも)の平(だいら)へ続く

▲黒岳山頂より桂月岳と凌雲岳

52

注意

コースの中で、特に注意してほしいことが書かれています。
野外観察では安全が第一です。危険な場所や立入禁止のところへは絶対に入らないようにしましょう。危険の回避や安全確認、事前の許可申請などは各自の責任で行うようお願いします。

＊マークについて

このマークがついている語句の意味は p.148 の「用語解説」に掲載しています。地質には専門用語が多いので、理解を深めるのに役立ててください。

観察地点の説明

地形図上のルートに沿った観察地点までの行き方と、その地点で観察できる地形や地質などの解説が書かれています。実際に自分の目で、書かれていることを確かめてください。アイヌの聖地になっている地点もあるので、露頭は大切に見ましょう。

観察地点の写真

各地点で観察地点の視点をよく表わすものを 1 枚以上のせてあります。
カメラマークのある写真は、地形図に示した矢印方向を撮影したものです。

豆知識

コース案内のところどころに「豆知識」のコーナーがあります。
そのコースに関連しているものを取り上げているので、観察のときにぜひ参考にしてください。

解説板 解説板

本書のコースには、日本ジオパークやジオパークの認定をめざしているところがあります。このマークがある地点にはくわしい解説板があります。

空から見た大雪山周辺の地形

空の高いところから地表を見ると、地形が手に取るようにわかります。

このイラストは、高度2万mで、大雪山の東北東から西南西の方角を見下ろしたものです。大雪山はひとつの山をさすのではなく、標高2000m級のいくつもの火山の集合体です。その高まりは“北海道の屋根”ともいわれ、南西にのびる十勝岳連峰の火山群につながります。これらの火山の土台となっている火砕流*台地が、上川盆地の南から富良野盆地の東にかけて広がっています。

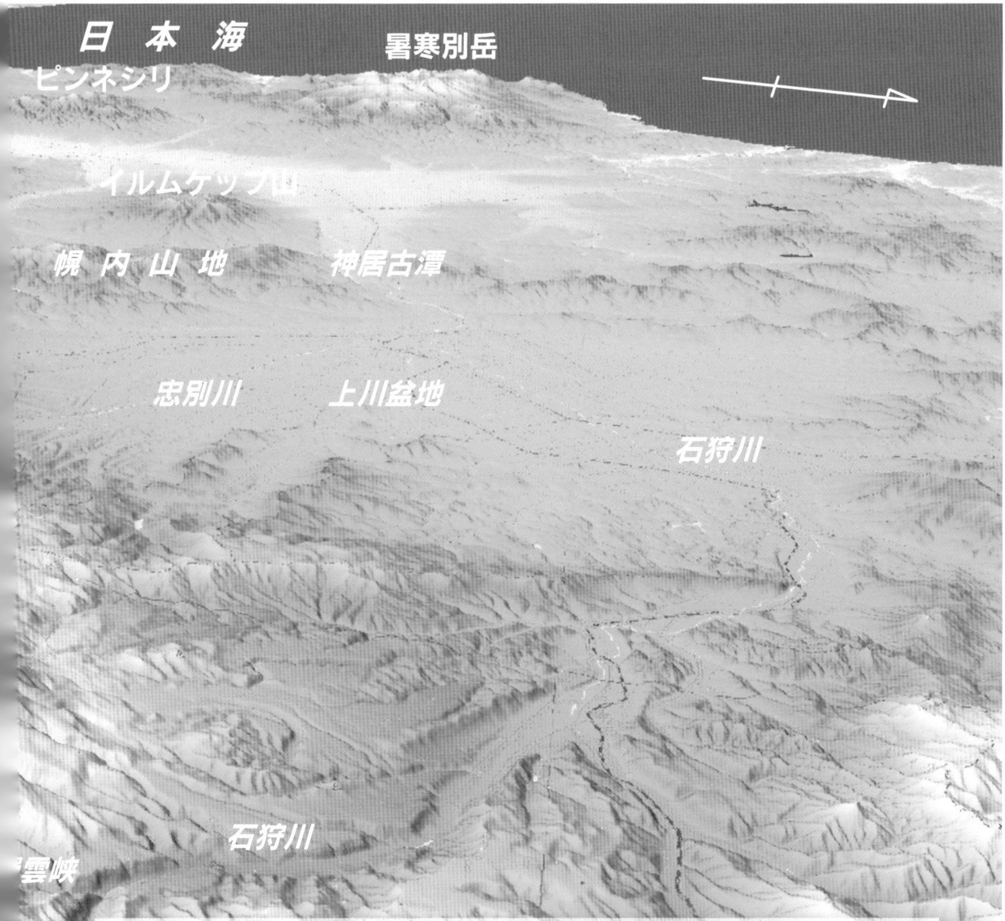

大雪山や十勝岳連峰の山々から流れ出る美瑛川、忠別川などの河川は、上川盆地の西端ですべて石狩川に合流し、神居古潭で幌内山地を横切って石狩平野へと出ています。夕張山地から幌内山地にいたる山並みは、神居古潭変成帯*の蛇紋岩*や変成岩*が分布する地域です。上川盆地の南の富良野盆地は、東西の縁を活断層*で直線的に区切られています。これらの地形ができるまでには、1億5000万年以上におよぶ地球の歴史がかかわっています。

出かける前に

●持ち物をチェックしましょう

□ハンマー（岩石用が望ましい。げんのうは柄が抜ける危険性があります。）
□方位磁針（クリノメーター）
□フィールドノート（メモ帳）
□筆記用具　□マジック　□カメラ
□ルーペ　□時計　□雨具・かさ
□ビニール袋、サンプル袋
□軍手　□弁当、水筒　□新聞紙
□手ふき、タオル　□この本
□スマホ、携帯電話
□財布、現金、クレジットカード
□持ち物すべてを入れるリュックサック、
調査かばん

必要に応じて準備するもの

□移植ごて　□折尺、巻尺
□荷札　□たがね
□双眼鏡　□地形図
□救急医薬品
□虫よけスプレー
□ホイッスル、鈴（クマよけ）
□運転免許証　□健康保険証
□身分証明書、名刺

●活動しやすい服装を

行き先によって、どのような服装がよいか考えましょう。急な天候や気温の変化にも対応できるように、長袖、アノラック、ウィンドブレーカーなどもあるとよいでしょう。靴は、はき慣れた運動靴のほかに、長靴、登山靴など、場所によって使い分けましょう。帽子も忘れずに。

登山を行うコースでは、このほかに必要な登山の装備を加えてください。

●安全な観察のために

事前に家族や知人に予定を知らせ、なるべく複数で行動しましょう。現地の天気や登山情報は、下記のホームページなどで必ず確認することが必要です。雨が降ったあとの川の増水にも注意しましょう。状況を的確に判断し、危険なところには近寄らないことが何より大切です。

また、観察中はハチ、ダニ、クマなどの危険動物への注意をはらい、ウルシかぶれへの対応も考えておきましょう。

「tenki.jp」 https://tenki.jp/forecast/1/
「大雪山国立公園登山情報」 http://www.daisetsuzan.or.jp/trail-news/
「NHK ニュース・防災アプリ」 ～スマホにダウンロードしておくと便利です。
https://www3.nhk.or.jp/news/news_bousai_app/index.html

第1章

旭川周辺

神居古潭・嵐山
上川盆地南西部
突哨山・当麻
幌加内

神居古潭・嵐山　世界的な変成帯

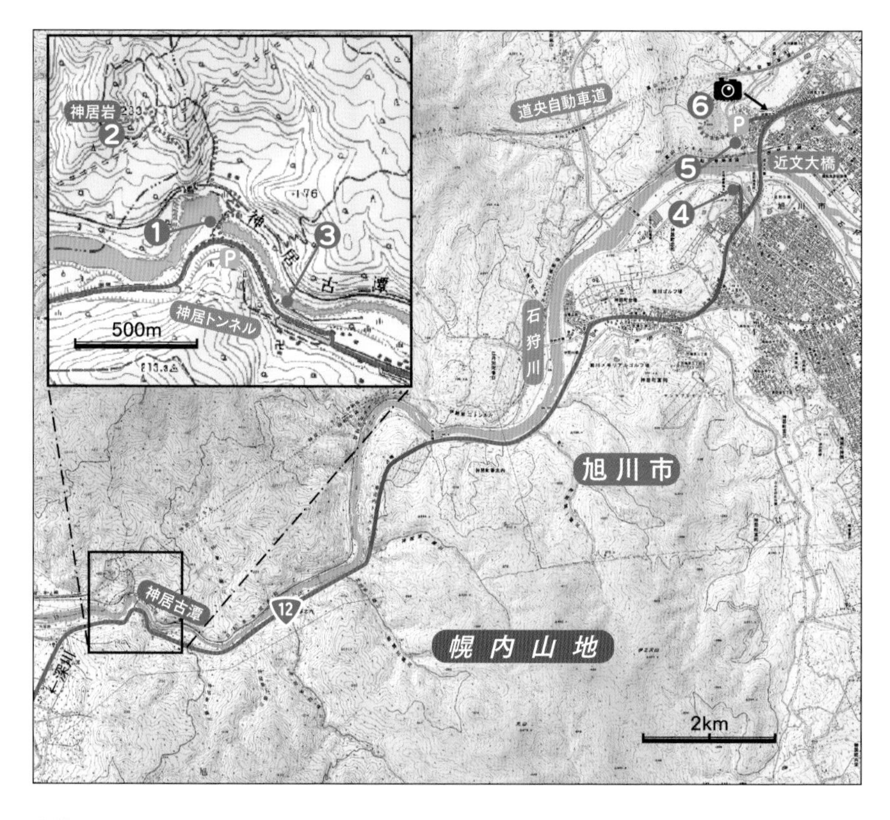

ルート 国道12号 → P 神居古潭 –(1分)→ ❶神居大橋下 –(20分)→ ❷神居岩下
└(5分)→ ❸神居トンネル口
→ ❹水神龍王神社 → P 嵐山公園 –(6分)→ ❺北邦野草園ロックガーデン →
–(20分)→ ❻嵐山展望台

みどころ 神居古潭は、上川盆地に流れ込んだいくつもの川が石狩川に合流し、その流れが幌内山地を横切って、まさに石狩平野に出ようとするところにつくられた峡谷です。ここは昔から景勝地として知られていますが、川岸に沿って変成岩*が連続して見られるため、変成岩の研究地点として世界的に有名なところです。変成岩とはどのような岩石なのか、もとの岩石は何だったのか、変成岩の連続露頭*を見ながら考えてみましょう。

神居古潭峡谷は、旭川市指定の天然記念物である甌穴（☞ p.16）群が分布しているため、ハンマーを使って岩石を採取することはできません。

▲神居大橋と神居岩

❶ 神居大橋下　変成岩の全面露頭

国道12号から「神居古潭」の標識に沿ってわき道に入り、店の近くの駐車場に車を止めます。駐車場からは白い吊橋（神居大橋）と、対岸の高いところに神居岩が見えます。まず、橋の上から川岸のようすを観察しましょう。

橋の上流は川幅が狭く、緑がかった岩場が続いています。これが神居古潭峡谷として知られている景勝地です。川岸の岩石は、おもに緑色片岩*という変成岩でできています。一方、橋の下流側は川幅が広くなり、ゆったりとした流れになっています。このような川幅の急な変化は、地質が変わる部分でときどき見られます。下流側には川端層という新第三紀*の地層が広がっており、ちょうど橋の下流で変成岩と接しているのです。ここは南北にのびる神居古潭変成帯*の西端にあたります。

▲変成岩が連続する神居古潭峡谷

橋の上から左岸の下流側の岩盤をよく見てください。灰色の地層がぐにゃりと折れ曲がっているところがあります。このような曲がりを褶曲*といいます。褶曲しているのは石灰質片岩*という変成岩の地層で、中はまっ白な大理石*でできています。褶曲の曲がっている部分は他よりも厚くなっており、曲がりながら地層の内部で岩石の流動があったこともわかります。この地層のまわりの岩石は、主に緑色片岩です。

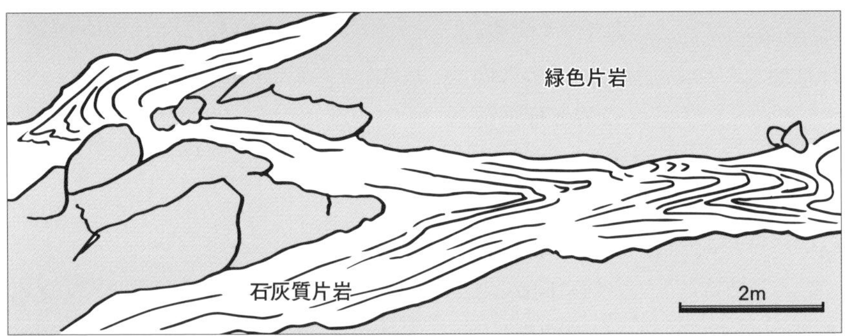

▲褶曲した石灰質片岩とそのスケッチ

これらの岩石は、変成岩となる前は、どんな岩石だったのでしょうか。緑色片岩は海底に噴出した玄武岩(げんぶがん)*の溶岩(ようがん)*やハイアロクラスタイト*、石灰質片岩は海山の山頂部などに堆積した石灰岩*と考えられています。これらの岩石は、1億年以上の時間をかけて、地中深くで高い温度や大きな圧力を受けて変成岩になるとともに、地殻変動(ちかくへんどう)*で地表まで上がってきたのです。

❷ 神居岩下　巨大な石灰岩の崖

神居岩までのハイキングコースや岩場には、マムシが出ることがあるので気をつけてください。

神居大橋を渡り、左奥にあるトンネルの手前右側にハイキングコースの入口があります。ここから神居岩まで行ってみましょう。コース途中の「おやすみ所」から左側のコース（右廻りコース）を上ると、神居岩の巨大な崖(がけ)の下に出ます。

崖は上部がせり出していて危険なので、近づかないようにしましょう。崖から崩れた足もとの岩石を観察してください。白〜灰色の石は崖をつくっている岩石と同じで、石灰岩です。黒緑色ですべすべした感じの光沢（こうたく）のある岩石は、蛇紋岩（じゃもんがん）*です。岩石の分布を調べてみると、神居岩は全体が大きな石灰岩のブロックで、そのまわりを蛇紋岩が取り巻いています。地下深くから蛇紋岩が上がってくるときに、石灰岩を取り込み、それが地表に現れると、蛇紋岩の方が浸食されやすいために、石灰岩が突き出て神居岩となったのです。崖の左端で、蛇紋岩と石灰岩が接しているようすを観察できます。

▲神居岩をつくる石灰岩の巨大なブロック

❸ 神居トンネル口　緑色片岩とポットホール群

駐車場から道路を上流に向かって5分ほど歩き、トンネル口から20m下流側のところで川沿いのやぶの斜面を下りると、低くなっている護岸（ごがん）から川岸へ出ることができます。

川岸は緑色片岩の全面露頭です。緑色片岩の表面にはたくさんの平行な縞（しま）模様が見えます。これは片理（へんり）*といい、岩石が高い圧力を受けた証拠（しょうこ）です。片理を注意して観察すると、細かく褶曲している部分もあります。黄緑色をした縞の部分には、緑れん石（りょくれんせき）*という鉱物がたくさん集まっています。

このあたりでは、緑色片岩の岩盤の表面のところどころに、大小のくぼみが見

▲緑色片岩に発達する片理

▲ポットホール群　（スケールは 1m）

られます。くぼみの中には丸くなったれき＊が入っていることもあります。これらのくぼみはポットホール＊（甌穴（おうけつ））というもので、川が増水したときにくぼみにはまった小石が水流で動かされ、くぼみの中を転がりながら丸く削ってできたものです。貴重なものなので、こわさないように観察しましょう。

❹ 水神龍王神社　赤色チャートの崖

▲神社奥の赤色チャートの露頭

幌内（ほろない）山地を横切り、神居古潭変成帯の東端に行ってみましょう。国道12号の旭川新道から道道98号に入ると、左手に水神龍王神社があります。神社の奥に大きな露頭があるので、くわしく観察しましょう。

この露頭の岩石は赤色（せきしょく）チャート＊と呼ばれる堆積岩＊のひとつです。よく見ると、層が積み重なっているようすがわかります。赤色チャートは、石英（せきえい）＊質の殻（から）をもった微生物の死骸（しがい）が深海底にたくさん堆積し、長い年月をかけてできたものですが、微生物の跡はまったくありません。露頭全体に入っている白い脈は石英です。鳥居（とりい）を出て右側の道路沿いに、高さ8mほどの“立岩”と呼ばれる岩が立っていますが、これも赤色チャートです。

❺ 北邦野草園（ほっぽうやそうえん）ロックガーデン　嵐山をつくるチャート

近文（ちかぶみ）大橋を渡り、「北の嵐山（あらしやま）」の看板のところで左折してオサラッペ川の左岸にある駐車場に車を置きます。橋を渡って嵐山公園センターの左奥にあるロックガーデンに行ってみましょう。大きくえぐられたような露頭に見られる岩石は、④地点と同じ赤色チャートです。じつは、この露頭の赤色チャートは、④地点とひと続きの南北にのびる地層で、石狩川がそこを横切って浸食したために、両岸

▲ロックガーデンの赤色チャートの露頭

▲嵐山展望台からのながめ

で同じ地層が見られるようになったのです。

❻ 嵐山展望台　上川盆地と大雪山・十勝岳連峰の大パノラマ

北邦野草園の縁を通って、山頂の展望台まで登りましょう。散策路には地面に埋まった赤色チャートがずっと続いています。つまり、嵐山は全体が赤色チャートでできているのです。

展望台からは、上川盆地とその奥に連なる大雪山から十勝岳連峰までのすべてが見渡せます。これらの山々から流れ出た河川は上川盆地に土砂を堆積させ、嵐山のふもとですべて石狩川に合流し、幌内山地を横断しています。盆地には小高い台地があり、右側に高砂台が、左側に近文台が見えます。

本書の旭川周辺のコースを回って、それぞれの地域の地形や地質を見た後に、再びこの展望台を訪れて景色をながめてみると、長い時間を経てしだいにこの地形ができあがってきたようすをありありと思い浮かべることができるでしょう。この展望台には、何度でも足を運んでください。

神居古潭変成帯についてまとめておきましょう。1億年以上も昔、この地域は海洋プレートが大陸プレートの下に沈み込む海底でした。海洋プレート上には海底に噴出した玄武岩の溶岩からなる海山があり、海山の山頂部にできたサンゴ礁などは石灰岩のもととなりました。深海底には放散虫*などの石英質の殻をもった微生物が堆積し、厚い地層をつくります。これらがプレートの動きによって、地中深く引き込まれ、高い温度や圧力を受けて変成岩に変わっていきました。さらに地下深くにあった蛇紋岩の上昇とともに変成岩がその中に取り込まれ、地表に現れるようになったと考えられています。私たちが目にしている変成岩には、このような大地の大きな変動の歴史が秘められているのです。

上川盆地南西部　台地をつくった火砕流

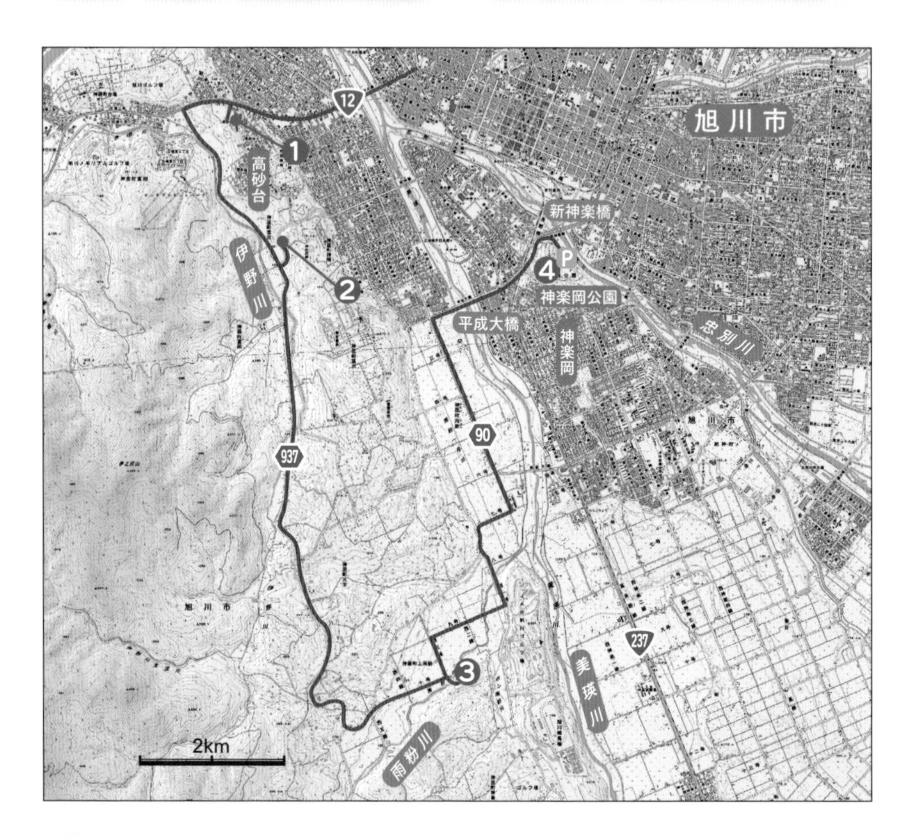

ルート 国道12号 → ❶万葉の湯横 → ❷土取場入口 → ❸雨粉川 → ❹Ⓟ神楽岡公園

みどころ 旭川市街が広がる上川盆地には、河川が流れる低地よりも20～50mほど高く細長く続く台地があります。盆地の南西部では、伊野川と美瑛川の間には高砂台、美瑛川と忠別川の間には神楽岡と呼ばれる台地があり、美瑛川と雨粉川の間にあるゴルフ場や競馬場の跡地があるところも台地です。

上川盆地を流れる川は、これらの台地をつくっている地層を浸食しながら、同時に盆地内の低い平坦地をつくっているのです。台地に見られる地層を調べていくと、上川盆地の生い立ちを知ることができます。

❶ 万葉の湯横　台地をつくる火砕流堆積物

国道12号を通り、神居町台場に向かいます。「万葉の湯」の大きな看板があるところでわき道に入り、250mほど行くと左手の空地の奥に白っぽい露頭*があります。

▲高砂台に分布する美瑛火砕流堆積物

遠くから露頭をながめると地層の境目はなく、露頭全体が同じものでできているようです。露頭の下にたまっている砂を手に取ると、ガラス質の火山灰*であることがわかります。こぶし大の軽石(かるいし)*もたくさん落ちています。火山灰の粒をルーペで見ると、金色に光る黒雲母(くろうんも)*や透明なころころとした石英*の結晶が目立ちます。

くわしい調査によると、この露頭で見られる火山灰は美瑛火砕流(びえいかさいりゅう)*堆積物と呼ばれ、約210万年前に十勝岳付近で起こった大噴火により、ここまで流れてきたものと考えられています。噴火当時は、上川盆地内の広い地域がこの火砕流でおおわれたはずですが、柔らかい火山灰層はどんどん浸食され、台地上に残されたものが現在見られるのです。

盆地内の台地は、火砕流堆積物でできている部分があることを覚えておきましょう。

❷ 土取場入口　さらに古い火砕流堆積物

万葉の湯の看板から国道12号を札幌方面に800m進んで左折し、道道937号に入ります。2.5kmほど進み、神居町に向かう道へ左折すると、右手に土取場の入口があり、道路に面して露頭が続いています。

土取場に向かう道を進むにつれ、白っぽい火山灰層の下に、茶色の砂れき層や灰色の粘土(ねんど)層が連続して見られます。さらに、これらの地層を浸食して、河成段丘(かせいだんきゅう)*堆積物と思われるれき*層が全体をおおっています。この地点の上にある土取場では、①地点で見た美瑛火砕流堆積物を取っているので、この露頭は美瑛火砕流より下の地層になります。

白っぽい火山灰層を手に取ってみましょう。ガラス質で有色鉱物(ゆうしょくこうぶつ)*はほとんどありません。点々と白い軽石が入っており、軽石中には石英の大きな結晶が見ら

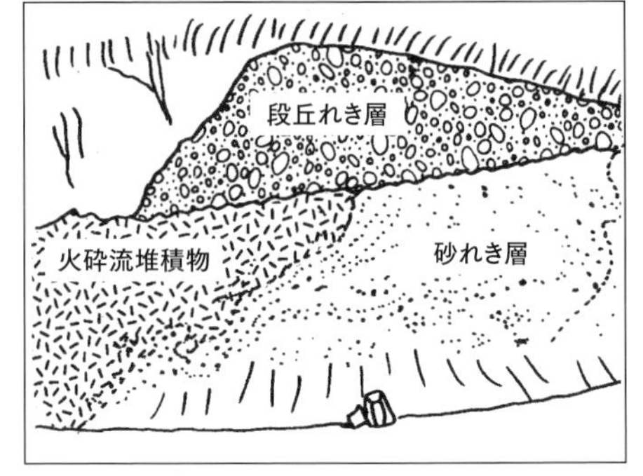

▲土取場入口の露頭とそのスケッチ（右）

れます。この火山灰の地層は、美瑛火砕流堆積物とは違う特徴をもつ、さらに古い別の火砕流堆積物で、280万年前ころに堆積した雨月沢(うげつざわ)火砕流堆積物と考えられます。火砕流堆積物の下に見られる砂れき層や粘土層は、旭川層と呼ばれる地層で、昔の上川盆地を埋め立てていた河川堆積物です。

❸ 雨粉川　雨月沢火砕流がつくる台地

来た道を戻り、道道937号をさらに南下します。大きなカーブを下って雨粉川がつくる平地に出ると、右手に大きな崖が見えてきます。西三線に突き当たったところで右折し、小橋を渡ったらすぐに左折して80m進み、水田の手前で車を止めます。

ここからは、高さ20m以上もある崖の地層がせまって見えます。崖の下には崩れた土砂がたまっているので注意しましょう。露頭にはいくつかの地層が水平に重なっているように見えますが、全体が雨月沢火砕流堆積物とされています。可能な範囲で火山灰を調べてみましょう。

▲道道から見た雨月沢火砕流堆積物の大露頭

露頭のいちばん下は、厚さ2m以上の黄灰色(おうかいしょく)の火砕流で、白い軽石がたくさん入っています。軽石を割ってみると、緻密(ちみつ)な絹糸状(けんしじょう)をしており、②地点とは違い黒雲母や石英の結晶が目立ちます。この火砕流の上には、クロスラミナ＊のある

▲雨月沢火砕流の大露頭とその柱状図（右）

とても粗粒（そりゅう）な凝灰質（ぎょうかいしつ）の砂層が堆積しています。これは浸食された雨月沢火砕流の火山灰が砂と混じって堆積したもので、二次堆積物といいます。さらにその上には有色鉱物の少ない火砕流が厚く堆積しています。崖の最上部で切り立っているところは、火砕流が溶結（ようけつ）*している部分です。

このように火砕流が厚く堆積してできた台地は、上面が平坦になっていることが多く、遠くから地形を観察すると台地状の特徴がわかります。美瑛川の西の競馬場跡やゴルフ場のある台地も上面が平らで、同じ火砕流堆積物でできています。

❹ 神楽岡公園　忠別川がつくった崖

道道90号まで出て北に2.3km進み、右折して平成大橋を渡って大雪通に入ります。大雪通は上り坂となり、少し行くと新神楽橋に向かって下り坂となるので、ここにも台地がありそうです。新神楽橋の手前で左のわき道に入り、橋の下をくぐり抜けると神楽岡公園の駐車場です。

自由広場を横切り、青少年キャンプ場まで行くと、その先は高さ10m以上の崖になっています。崖の下にはミズバショウ池があり、和風庭園では崖を利用し

▲ミズバショウ池の奥に続く崖

▲明治33（1900）年ごろの神楽岡付近の地形図

（国土地理院ウェブサイト 2万分1迅速図・仮製図「旭川」より）

た滝もつくられています。崖の上の平坦地には公園の遊歩道が整備されており、さらに南東側には神楽岡の住宅地が続いています。

神楽岡は、p.18の地形図で見ると、美瑛川と忠別川にはさまれた台地であることがわかります。この台地の中でなかなか露頭は見つかりませんが、これまでの地点で観察した火砕流堆積物でできていると考えられます。

さて、神楽岡公園の崖はどのようにしてできたのでしょうか。公園のすぐ東側には忠別川が流れているので、昔は忠別川がやや南西に蛇行して、台地の地層を浸食したために、このような崖ができたと考えるのが自然です。1900（明治33）年の地形図を見ると、崖の付近を蛇行しながら流れる忠別川が示されており、忠別川が崖の縁を流れていたことも容易に想像できます。ミズバショウ池は、忠別川の河道跡にできているのです。

このコースで観察したことをまとめてみましょう。上川盆地の台地の多くは大規模な火山活動による火砕流堆積物でつくられています。280万年前以降、上川盆地がこれらの火砕流で埋めつくされた時期と、河川による浸食と堆積が進んだ時期が何度か繰り返されて、上川盆地がつくられてきたのです。現在、台地の上は住宅地や水田などになっていますが、台地の地質が何でできているか調べると、そこから台地の成り立ちを知ることができるのです。

ここもおすすめ!

旭川層の植物化石

場所 旭川市永山町、秋月橋上流の石狩川河床

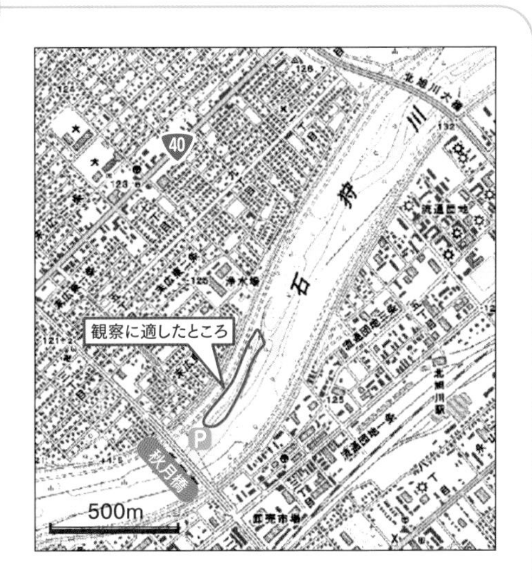

旭川市街の北東の永山町付近を流れる石狩川の河床には、夏の渇水期になると、両岸に茶色の地層が連続して現れます。秋月橋の上流右岸にあるパークゴルフ場の駐車場から川岸に出ることができます。茶色の地層は小さなれき*や砂が堆積した砂れき層です。この地層は、現在の石狩川のはたらきでつくられたように見えますが、じつは500万〜300万年前に河川が上川盆地を土砂で埋め立てたときにできた地層が、この付近だけ地表に現れているのです。この地層は旭川層と呼ばれています。

上流に向かうと、砂れき層からあまり硬くない泥岩*層に変わります。秋月橋から600mほどの地点では、炭化した木材やたくさんの木の葉の化石を見つけることができます。泥岩層をうすくはがすように割っていくと、形のよいものが採れます。数百万年前に、上川盆地にどのような植物が生えていたのか、化石から想像してみましょう。

▲長さ2mを超す樹幹の化石　（スケールは1m）

▲木の葉の化石

1億5千万 | 1億 | 5千万 | 年前
先白亜紀 | 白亜紀 | 古第三紀 | 新第三紀 | 第四紀

突哨山・当麻　平野に残された小山

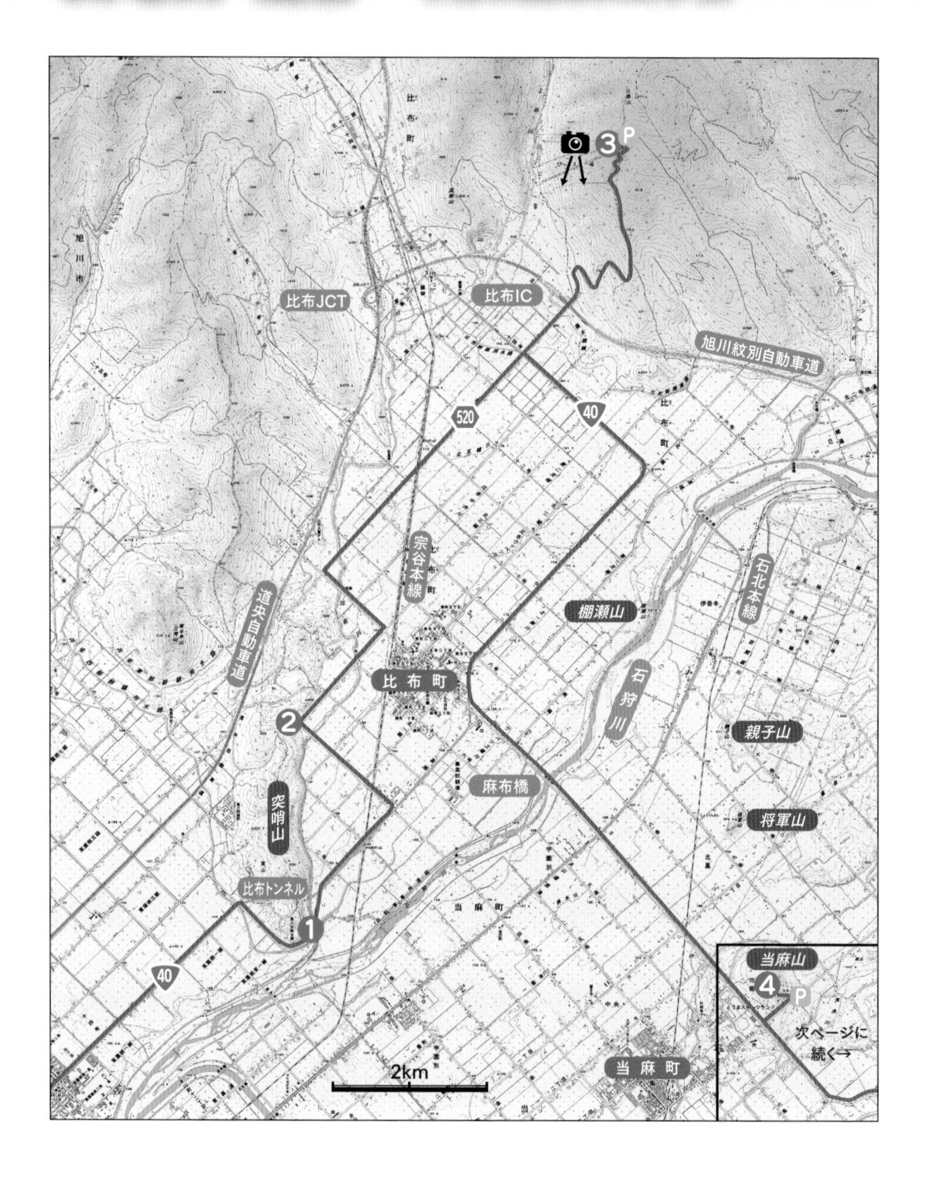

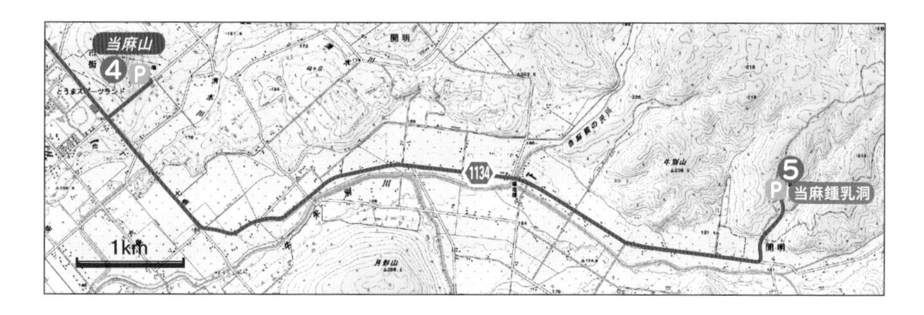

ルート　国道40号 → ❶突哨山南端 → ❷採石場 → ❸ P ぴっぷいいながめ台 → P 当麻山 —(6分)→ ❹山頂展望台への道
└→ ❺ P 当麻鍾乳洞

みどころ　旭川市街地の北西部にある突哨山(とっしょうざん)は、カタクリの群生地(ぐんせいち)としてよく知られています。春先には草花が咲き乱れ、大勢の市民が訪れる憩(いこ)いの場となっています。しかし、足もとの地面の地質にまで目を向ける人はほとんどいないようです。なぜ突哨山は盆地に突き出るようにのびているのでしょうか。突哨山ばかりではなく、比布(ぴっぷ)町から当麻(とうま)町にかけては、平野の中にぽこぽこと突き出た小さな山を見ることができます。これらの小山をつくる地層がどのような岩石でできているかを調べると、1億年以上も前から続く大地の大きな変動をひもといていくことができます。

❶ 突哨山南端　石灰岩の崖

旭川市街地から国道40号を北東に進み、突哨山を貫く比布トンネルの手前で右折します。道なりに突哨山の南端を左に回り込むと、左手に大きな白っぽい崖が見えてきます。橋の近くに車を置いて、露頭*を観察しましょう。

▲突哨山南端の石灰岩の露頭

露頭の左側は金網がなく、岩石がむき出しになっているので観察しやすいようです。道路から気をつけて斜面を下り、露頭の近くまで行ってみましょう。足もとには崩れてきた岩石がたくさん転がっています。露頭の岩石を直接たたくのはたいへん危険なので、転石＊を観察してください。

灰色っぽい岩石を割って新鮮な面を見ると、白い筋がたくさん入っており、小さな平面がキラキラと光ってとてもきれいです。これは石灰岩＊で、光っているのは方解石＊という鉱物の平面が光を反射しているからです。この石灰岩ができた年代はたいへん古く、２億年くらい前のものと考えられています。

▲雨水によって石灰岩が溶かされてできた穴

露頭のところどころに穴があいています。これは、石灰岩が割れ目からしみ込んだ雨水によって溶かされてできたもので、小さな鍾乳洞＊ともいえるものです。穴の中をよく見ると、小さなつらら状の鍾乳石＊が見つかるかもしれません。

足もとには、石灰岩のほかに風化＊した緑色の岩石も見られます。これは、海底火山の活動などでできた玄武岩＊質の岩石が変質したもので緑色岩＊と呼ばれます。

❷ 採石場　蝦夷層群のタービダイト

国道40号に入って北東へ進み、ＪＲ宗谷本線にかかる跨線橋を渡って、最初の交差点を左折します。そのまま直進し村上山公園の手前まで来ると、左に大きな採石場があります。作業現場の人に断ってから、見学させてもらいましょう。

大きく削られた崖の面には、傾いた砂岩＊と泥岩＊の地層がきれいに積み重なって現れています。このような地層の重なりを砂岩と泥岩の互層＊といいます。

▲砂岩、泥岩を掘っている採石場

これらの地層は、泥と砂が混じった土砂が海底の斜面を流れ下ることによってつくられると考えられており、タービダイト＊といいます。砂岩と泥岩はたいへん硬く、採石場ではこれを掘って、山のように積み上げているのです。

▲タービダイトの地層の重なり

大きな岩を探して、タービダイトの地層のようすを観察しましょう。うすい細粒の砂岩層とやや厚い泥岩層が交互(こうご)に重なっています。泥岩層には斜めになったラミナ＊が見られることもあります。地層には何本もの白い筋が入っていることがありますが、これは地層がかたまってから入り込んだ方解石の脈です。

この採石場で見られる砂岩と泥岩は、蝦夷層群(えぞそうぐん)と呼ばれる地層で、約1億年前のものと考えられています。地層は北北西から南南東の方向にのびており、ほぼ南北に細くのびている突哨山とは少し方向がずれています。

❸ ぴっぷいいながめ台　上川盆地北部のパノラマ

少し北へ足をのばし、旭川紋別(もんべつ)自動車道の比布北ICに向かいます。ICの南東で旭川紋別自動車道の下をくぐりぬけると、正面に「民有林林道　北嶺線」の看板があります。そこから細い舗装道路を道なりに上っていきます。視界が突然開けると、そこはぴっぷスキー場のリフト降り場で、“ぴっぷいいながめ台”と呼ばれています。

▲盆地に細長くのびる突哨山

ここからは、晴れた日には上川盆地の北部をすべて見渡すことができます。右側（南南西）を見ると、①、②地点で観察した突哨山が、盆地に細長く突き出ていることがよくわかります。そこから左へ目を移し当麻方面をながめると、当麻山に向かって棚瀬山(たなせやま)、親子山、将軍山(しょうぐんさん)の小山が平野から突き出てぽこぽこと並んでいます。じつは、突哨山やこれらの小山は、盆地の堆積物の下にある古い時代の硬い地層が地中から突き出ている部分で、浸食や風化にたえて残されたところが山になっているのです。このような地形を残丘(ざんきゅう)＊といいます。

▲当麻付近に並んでいる残丘

突哨山が細長くのびているのも、当麻付近の小山が一列に並んでいるのも、硬い地層がその方向に広がっているからです。

大雪山から十勝岳連峰まで見渡せる素晴らしい景色をながめたら、当麻付近の小山がどのような地層でできているか調べに行きましょう。

❹ 当麻山展望台への道　赤色チャートの山

国道40号を進んで比布町方面に向かい、市街地に入らずに左折して麻布橋を渡り、直進してとうまスポーツランドに入ります。フィールドボール場を右に見て、交差点を左折して180mほど行くと、左に駐車場があります。ここから、当麻山の山頂展望台まで登りましょう。

▲当麻山の赤色チャートの露頭

途中で、右側に東屋（あずまや）があるところに、赤っぽい露頭があります。全体的にかなり風化していますが、赤色チャート＊という岩石でできています。当麻山は大部分がこの赤色チャートでできています。チャートは石英＊質の硬い岩石なので、浸食や風化にたえて山となっているのです。③地点から見えた小山は、どれも赤色チャートからできており、地下でひと続きの地層になっていると考えられます。

❺ 当麻鍾乳洞　みごとな自然の造形

④地点から約6km東に、観光地としても有名な当麻鍾乳洞があります。この鍾乳洞は、1957(昭和32)年に石灰石の採掘中に発見され、規模が小さいながらも鍾乳洞の特徴的な石のほとんどが見られる貴重なものであることがわかり、1961(昭和36)年に北海道指定天然記念物となりました。

駐車場から上に見える回廊を渡ると、鍾乳洞の入り口です。入口は石灰岩の崖の途中にあるのです。鍾乳洞の中に入ると、夏でもひんやりとして寒いくらいです。天井からは、つららのようにたれ下がった鍾乳石がたくさんのびています。床からは石筍＊が竹の子のように突き出ています。鍾乳石と石筍がつながると石柱ができます。これらの石は、何万年もの時間をかけて、石灰分を溶かし込んだ水滴が天井からぽたぽた落ちたり、壁を伝って流れることによってつくられたのです。鍾乳洞内はいろいろな形のとても貴重な石ばかりなので、じっくりと自然の造形の美しさを味わいましょう。ここの石灰岩は、突哨山の石灰岩と同じ時期にできたものと考えられています。

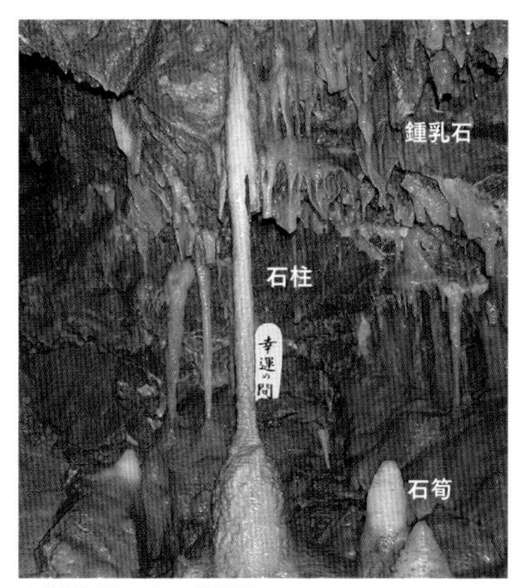

▲鍾乳洞の中の鍾乳石

このコースのまとめをしてみましょう。突哨山や当麻鍾乳洞の石灰岩は、もともと暖かい海の海底火山などの上に発達したサンゴ礁などがもとになっていると考えられます。サンゴ礁は石灰岩をつくり、海底火山にのったまま海洋プレートの動きによって移動し、陸側のプレートの下にもぐり込んでいきました。そのとき、海底火山や石灰岩はばらばらの岩体＊となり、深海底の地層といっしょに陸側のプレートの縁に付け加わったと考えられています。このような地質を付加体＊と呼んでいます。付加体にはプレートの衝突によるたいへんな圧力がかかります。海底火山の岩石は緑色岩に変質し、深海底の地層は赤色チャートに変化したのです。地殻変動＊で大地が隆起＊を始めると、地表の浸食により、地下深くにあった緑色岩や赤色チャート、石灰岩などが現れるようになりました。上川盆地の北部は、約1億年前から現在にいたるプレートの動きを見ることのできる現場のひとつといえるのです。

1億5千万 1億 5千万 年前

先白亜紀 | 白亜紀 | 古第三紀 | 新第三紀 | 第四紀

幌加内　めずらしい岩石と鉱物の産地

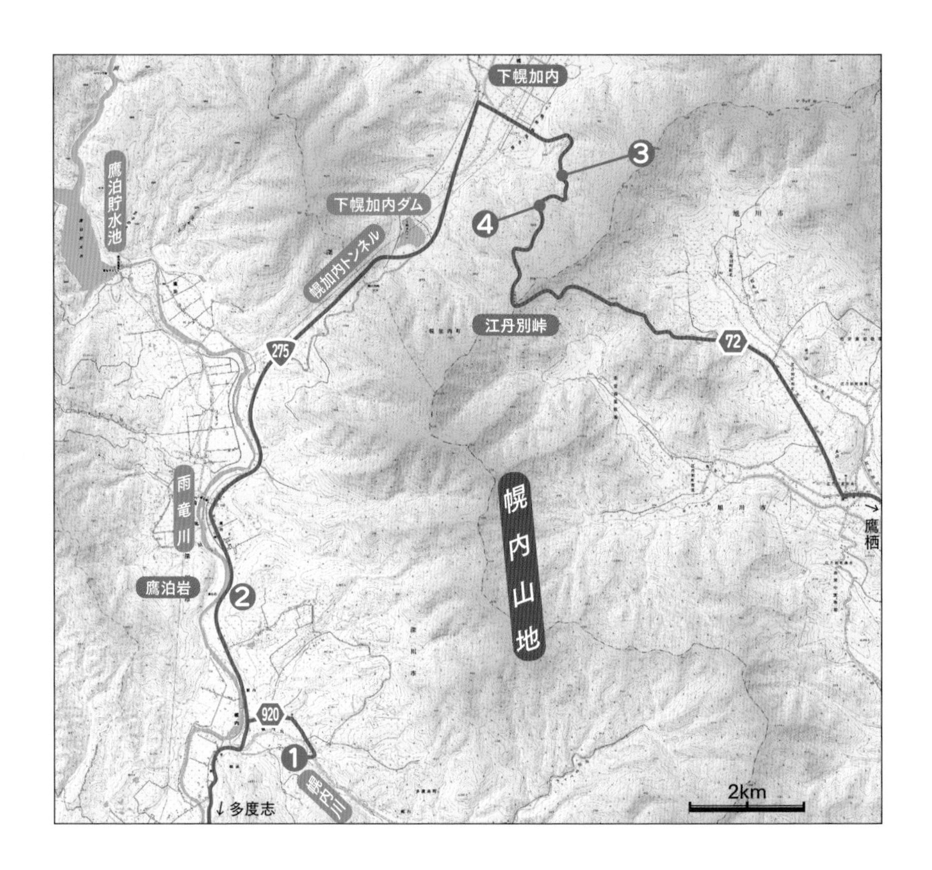

ルート　国道275号 → ❶幌内 → ❷鷹泊岩 → 道道72号 → ❸地点 → ❹地点

みどころ　幌加内町の南部に広がる幌内山地は、南の神居古潭から続く変成帯の岩石が分布している地域です。ここでは、ふだんあまり目にする機会のないめずらしい変成岩＊や鉱物を探し出すことができます。とくに江丹別峠付近で見られる青色片岩＊は有名で、世界中から研究者が訪れています。

❶ 幌内　河床のトロニエム岩

▲幌内川河床のトロニエム岩

▲トロニエム岩の研磨標本

国道275号を雨竜川に沿って北上し、幌内で右折して道道920号に入ります。約1.5km進んで右の細い道に入り、幌内川にかかる小橋を渡ったところで車を止めます。

まず、橋の上から川のようすを観察しましょう。河床一面に、白っぽい岩石が現れています。気をつけて左岸の橋のたもとから下りましょう。

地層が重なっているようにも見えますが、石を割ってみると、白い鉱物がぎっしりとつまった等粒状組織*を示す深成岩*であることがわかります。地下深いところで冷え固まったマグマ*が、地殻変動*により上昇して、地表に現れてきたのです。地層のように見えたのは、この岩体*に斜めに節理*が発達しているからです。

岩石をルーペで観察してみましょう。白い鉱物は斜長石*、灰色やガラスのように見えるのは石英*です。有色鉱物*はわずかで、黒雲母*や角閃石*が入っています。うす茶色に見えるのは、風化*によってできた粘土鉱物*でしょう。この岩石は、広い意味で花こう岩*にふくまれますが、有色鉱物の少なさと構成鉱物の種類から、トロニエム岩*というめずらしい岩石に分類されています。

❷ 鷹泊岩　砂白金のかつての産地　解説板

国道275号にもどり、2.3km進むと、左手に雨竜川が見えます。ここで車を止めて河原を見てみましょう。

対岸の下流側に見える岩が“鷹泊岩”と呼ばれている岩です。背後の小高い山は玄武岩*の岩体で、鷹泊岩は玄武岩の一部が突き出たものです。この付近から上流の幌加内町まで、雨竜川沿いには蛇紋岩*の大きな岩体が地表に現れており、玄武岩は、蛇紋岩の岩体にあとから入りこんだものです。

蛇紋岩は、もともと地下深くにあったマントル＊の岩石が、変質して地表まで上がってきたものです。

この蛇紋岩の中には、砂白金（さはっきん）＊というめずらしい金属鉱物がわずかにふくまれています。とても硬いので、万年筆のペン先などに使われています。日本では、北海道でしか採れません。解説看板を見ると、鷹泊の雨竜川河床では、かつて大規模に砂白金の採掘が行われていたようです。砂白金の比重（ひじゅう）は20ほどもあるので、蛇紋岩から洗い出された砂白金は、さほど流されずに川底の砂に埋もれます。このようにして砂白金がたまったところが採掘されていたのです。

▲玄武岩でできている鷹泊岩

現在も砂白金は洗い出されているはずですが、主な産出地と考えられている場所は、鷹泊貯水池よりも上流の雨竜川支流の沢で、残念ながらそこへの林道は通行止めになっています。

❸ 地点　青色片岩の露頭

国道275号にもどり、幌加内トンネルを抜けて約3.3kmのところで右折して道道72号に入り、江丹別峠に向かいます。大きな右カーブのあたりから、道路の左側には切り割りが続きますが、草木でおおわれていて見ばえのよい露頭＊はありません。しかし、金網のところどころに岩石が出ており、この地点では青色片岩という岩石を採取することができます。

車は見通しのよい路肩に止めましょう。カーブに止めるととても危険です。

▲道路わきの青色片岩の露頭

この岩石には片理＊と呼ばれる細かな筋模様が発達しており、たたいてみると、片理面に沿ってうすくはがれるような割れ方をします。これは岩石が高い圧力を受け、もとの岩石がわからなくなる

▲片理が発達している青色片岩

▲片理面に垂直に研磨した青色片岩標本

くらい変成を受けている証拠です。片理面は、新たな鉱物がうすい面をつくるように平行に配列してできたもので、片理面の重なりを横から見ると筋模様に見えるのです。

青色片岩の新鮮な面は、水でぬらすとあざやかな濃い青色を示します。これは、青色をしたナトリウム成分に富む角閃石や輝石(きせき)*がたくさんふくまれているからです。江丹別峠付近の青色片岩には、藍閃石(らんせんせき)*という鉱物がふくまれていることで有名で、藍閃石片岩*とも呼ばれます。この岩石は、地下深部で岩石に1GPa(ギガパスカル)(1万気圧)前後のとてつもない圧力が加わってつくられるものです。そのようなところでできた岩石を地表で手に取ることができるのですから、貴重な岩石といわざるを得ません。

❹ 地点　結晶が成長した藍閃石片岩

②地点より数百m先にある左カーブ手前の道路右側に駐車スペースがあります。そこに車を止めてさらに200m歩いたところが露頭です。切り割りにかけられた金網の下に落ちている転石*を注意して観察してみましょう。ここにも青色片岩が現れていますが、変成の程度や結晶の大きさは③地点と少し違います。

▲片理面に見られる“ちりめんじわ”

岩石の片理面をよく見ると、細かなしわのような模様がついているのがわかります。専門家の間では“ちりめんじわ”と呼ばれています。これは片理面が平らではなく、細かく褶曲*していることを示しています。

片理面の表面をルーペで見てみましょう。青黒く細い結晶は藍閃石です。この地点の青色片岩の藍閃石は、ルーペでもわかるくらい大きく成長しているのです。どの結晶も一定の方向に並んでいるのは、片岩の特徴のひとつです。“ちりめんじわ”は結晶が並ぶ方向を横切るようについていることに注意しましょう。

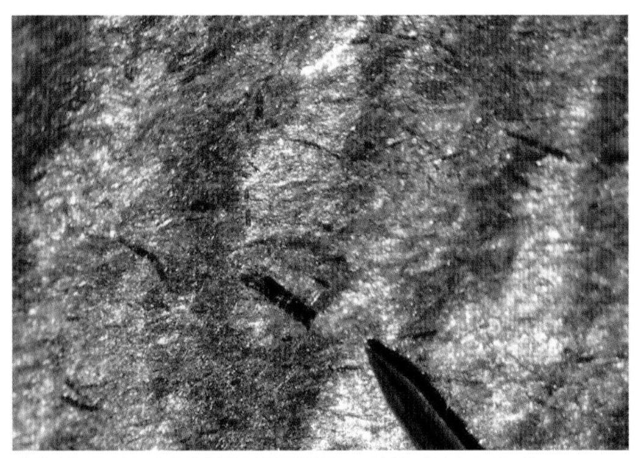

▲“ちりめんじわ”を横切る藍閃石の結晶。下から出ているのは待ち針の先

この露頭では、横に数mずれると、緑色片岩*の転石も見られます。緑色片岩は、青色片岩よりも少し圧力が低い条件でできる変成岩です。緑色片岩と青色片岩がひとつの露頭で連続して見られるということは、緑色片岩の変成が進んで青色片岩に移り変わっていくことを物語っています。

青色片岩や緑色片岩の原岩は何なのか、どの方向からどのように圧力がかかったのか、地殻*のどのような動きで圧力が生じたのかなど、変成岩は様々なテーマで研究されています。

豆知識

●様々な変成岩

岩石が地下深くで高温・高圧の状態にさらされると、もとの岩石の組織や鉱物が変化し、変成岩*となります。変成岩は、高温のマグマ*に接触（せつしょく）してできる「接触変成岩」と、地殻*の大きな動きによってつくられる「広域（こういき）変成岩」に大別されます。変成岩は温度・圧力の状態により多様な形態を示し、生じる鉱物の種類も様々で、それらは連続的に変化します。

主な変成岩ともとの岩石は、おおまかに下表のようにまとめられます。

原　岩	【接触変成岩】
泥岩・砂岩など	ホルンフェルス
チャート	珪岩
石灰岩	大理石

※この表以外にも、さらに変成度の高い岩石もあります。

原　岩	【広域変成岩】 弱	変成の程度	高
泥岩など	粘板岩 千枚岩	黒色片岩	片麻岩
玄武岩など	緑色岩	緑色片岩 青色片岩	角閃岩
石灰岩		石灰質片岩	

（黒色片岩・緑色片岩・青色片岩・石灰質片岩：まとめて結晶片岩という）

第2章

大雪山

旭岳
層雲峡
黒岳
天人峡

1億5千万 1億 5千万 年前

先白亜紀	白亜紀	古第三紀	新第三紀	第四紀

旭岳 “神々の遊ぶ庭”に見る火山地形

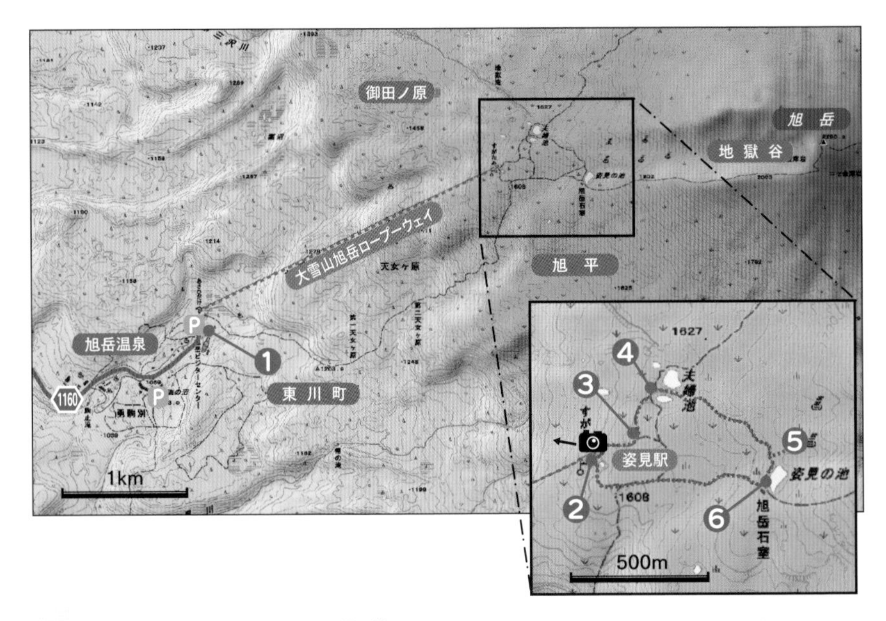

ルート 道道1160号 → P ❶旭岳ビジターセンター –(1分)→ 山麓駅 →
→ 旭岳ロープウェイ（約10分）→ ❷姿見駅 –(5分)→ ❸ 第1展望台 →
–(4分)→ ❹第3展望台 –(15分)→ ❺地獄谷噴気孔 –(5分)→
→ ❻姿見の池展望台 –(10分)→ 姿見駅

みどころ 大雪山の旭岳は、北海道の最高峰であり、同時に北海道を代表する観光地でもあります。ロープウェイに乗れば、標高1600mの旭平までわずか10分ほどで行くことができ、しかもそこはアイヌ語で“カムイミンタラ〜神々の遊ぶ庭”と呼ばれる大自然が広がる別世界です。訪れる人の多くは、ロープウェイの姿見駅から姿見の池までを一周する散策路をめぐり、噴気を上げる旭岳の雄大な姿や美しい池のある風景に感動します。でも、同じ風景を別の視点でながめてみると、旭岳が過去に活発な火山活動を繰り返していた証拠をいくつも見つけることができます。溶岩*流や火口ばかりでなく、めずらしい周氷河地形*も探してみましょう。

❶ 旭岳ビジターセンター　充実した動植物の展示

登山前に2019年6月にリニューアルされた旭岳ビジターセンターに寄りましょう。ここでは大雪山の登山コースごとに最新の登山情報が手に入ります。ホールには大雪山から十勝岳連峰にいたるジオラマが置かれ、大雪山の自然についての解説パネルや映像が充実しています。周氷河地形のひとつである構造土＊の写真もあるので、どのようなものなのか見ておきましょう。

▲旭岳ビジターセンター

❷ 姿見駅　溶岩流がつくる地形

ロープウェイの姿見駅までは、約10分間の空中遊覧を楽しむことができます。下の景色の大部分は、旭岳が噴出した溶岩でできた裾野です。

姿見駅に着いたら、ふもとを一望できるデッキに出てみましょう。駅の北西に見える平らな台地は、御田ノ原と呼ばれ、ぽつぽつと小さな池が点在する湿地になっています。湿地の左側の傾斜が急なところは台地の末端部です。この湿地から台地の末端部までは、ひと続きの溶岩流がつくる地形と見なせます。じわじわと流れる溶岩流の先端部は厚みを増して急な崖をつくり、それとともに溶岩流の上面は平坦な地形となるのです。そこに水がたまると湿地や池ができます。旭岳の周辺には、このようにして溶岩台地の上にできた湿地や湿原が数多く見られます。

▲御田ノ原をのせている溶岩流の台地とその先に続く溶岩堤防

さらに台地の末端部からふもとの方に目を移してよく見ると、細長い平行な二本の尾根筋(すじ)が、うねうねと西の方へ続いています。これも溶岩流がつくった地形で、溶岩堤防(ようがんていぼう)*といいます。高温の溶岩が地表を流れると、溶岩は表面から冷やされて固まっていきますが、溶岩流の中心部は高温のまま流れ去っていくので、後には固まった溶岩流の側面が壁のように続く地形が残されるのです。旭岳の溶岩堤防は、たいへん規模が大きく、幅は250〜300m、比高(ひこう)は約50mで、長さは約7kmもあります。

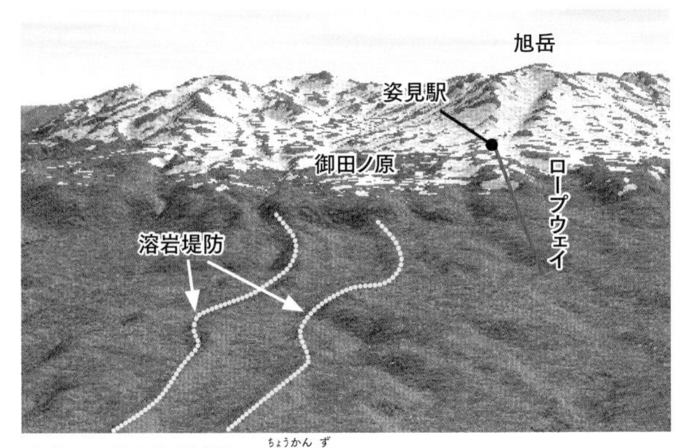

▲東から見た旭岳周辺の鳥瞰図(ちょうかんず)

③ 第1展望台　旭岳の山体崩壊

姿見駅から姿見の池まで一周する散策路は、旭岳の裾野のなだらかな斜面に整備されています。ここは6月から8月頃にかけては、一面が高山植物の花畑とな

▲紅葉の時期の旭岳と噴気を上げる地獄谷

ります。

第1展望台から旭岳の全体のようすを観察しましょう。山頂からふもとに向かって大きくえぐられたように見える部分は、地獄谷と呼ばれ、下の方からは、盛んに噴気が上がっています。地獄谷は、2800年前に水蒸気爆発*にともなって山体の一部が崩れてできたと考えられており、崩れた土砂は、山体のふもとに広がって堆積し、散策路のあるなだらかな斜面をつくっています。旭岳は2万～1万年前から活動を始めた活火山*で、火山灰*や溶岩を噴出しながら、これらが積み重なる円錐形の山体をつくり上げました。しかし、このようなつくりの山体は、水蒸気爆発などが起これば、大規模に崩れることがあるということを覚えておきましょう。

④ 第3展望台　池になった噴火口

第3展望台まで行くと、目の前に大きなくぼ地が現れます。中には水がたまっており、すり鉢池と呼ばれています。このくぼ地は、小さな噴火口そのもので、池のまわりはすり鉢状の火口壁になっています。火口のまわりには、爆発で吹き飛ばされた大小の岩塊が散らばっています。すり鉢池のとなりにある鏡池も噴火口の跡で、これらの池は地獄谷ができたあとに、山体のふもとで小規模な水蒸気爆発が起きてできたものです。周辺にはこのような火口が数多く見つかっています。

▲すり鉢池（左）と鏡池（右）。 二つ合わせて“夫婦池”と呼ばれる

▲地獄谷の噴気孔

▲地獄谷の壁に現れている山体の断面

⑤ 地獄谷の噴気孔　活火山の証拠

姿見の池の手前で左の道に入り、いちばん奥まで行ってみましょう。ここからは、勢いよく音を立てて火山ガスを吹き上げる噴気孔を間近に見ることができます。噴気孔のまわりの黄色の部分は、ガスにふくまれている硫黄＊が結晶となってついたものです。地獄谷の下では、まだ高温のマグマ＊が活動を続けているのです。

地獄谷の全体を見渡してみましょう。大きくえぐられた谷地形は、山体崩壊の規模の大きさを物語っています。谷に散らばる巨岩は、崩れた山体の一部や、谷の上部から落ちてきた溶岩などです。

谷の上部の壁には、黒や茶色の地層が見られます。これは旭岳が活発に噴火を繰り返して積もった溶岩や火山灰などです。山体が崩れて地獄谷ができたことで、山体の断面が現れたのです。

⑥ 姿見の池展望台　きびしい気候がつくり出した微地形＊

姿見の池も夫婦池と同じく、水蒸気爆発の噴火口の跡に水がたまってできたものです。池のまわりの一部がすり鉢状になっているのは、火口の名残です。地獄谷の噴気孔地帯から姿見の池、夫婦池などの火口群にかけては、現在の火山活動が集中している地帯といえます。活火山の中心部をめぐりながら、すばらしい景色をながめていることを忘れないようにしましょう。

姿見の池を背にして第4展望台の方をながめてみましょう。小さな沢の上の斜面に、傾斜と直角の方向に草が筋のように何列も並んで見えるところがあります。草の列の間の茶色の部分は、れき＊が多く集まっているようです。おそらくこれ

▲旭岳の姿を水面に映し出す姿見の池

は、寒冷地に特有に見られる構造土のひとつの階状土(かいじょうど)*と思われます。大雪山のように標高の高い寒冷地の地面は深くまで凍(こお)っています。春に陽射しが強くなると地表面がとけてゆるくなり、それがまた夜に凍ります。これを何度も繰り返すうちに、れきが低い方に向かって少しずつ移動したり、地表面が不均等に凍るなどの原因で、れきが多いところと少ないところが階段状の地形をつくると考えられています。大雪山では、れきが円形や多角形に並んでいる構造土も見つかっています。夏が短い極寒の地では、きびしい気候が地形にも影響しているのです。

▲ゆるい斜面上にできた階状土

ロープウェイの姿見駅まで散策路を一周したら、旭岳のまわりの景色をもう一度見渡してください。大自然の別世界ともいえる“神々の遊ぶ庭”は、長い間の火山活動がつくり上げたものであることを思い返してみましょう。

1億5千万 1億 5千万 年前

先白亜紀	白亜紀	古第三紀	新第三紀	第四紀

層雲峡　石狩川に刻まれた大規模火砕流

ルート　国道39号 → ❶Ⓟ 万景壁橋 → ❷白水橋 → ❸屏風岩 →
→ Ⓟ層雲峡公共駐車場 ‒(5分)→ ❹層雲峡ビジターセンター
└→ Ⓟ 紅葉谷散策路入口 ‒(20分)→ ❺ 紅葉滝
└→ ❻Ⓟ 銀河・流星の滝駐車場 ‒(20分)→ ❼ 双瀑台
└→ ❽Ⓟ 大函 → ❾Ⓟ 大雪山写真ミュージアム

みどころ 層雲峡は、北海道でも有数の観光地として知られています。断崖絶壁が続く峡谷には絶景スポットがいくつもあり、訪れる人々を魅了しています。ここで見られる崖は、約3万4000年前に大雪山の御鉢平から噴出した火砕流*堆積物でできていることが知られており、それを石狩川が長い年月をかけて浸食したものです。1987(昭和62)年に起こった大規模な岩盤崩落事故をきっかけとして、国道は危険なところを迂回するための長いトンネルを通るようになり、遊歩道も通行止めとなったために、いくつかの景勝地は見ることができなくなってしまいました。しかし、層雲峡にはまだ多くの観察地点が残されています。大規模な火山活動と深い峡谷をつくりだした自然の力の大きさを感じ取ってみましょう。

❶ 万景壁橋　柱状節理が並ぶ壁

層雲峡温泉の6kmほど手前に石狩川にかかる万景壁橋があります。橋の手前300m右側に駐車場があるので、そこに車を止めて、橋まで歩いていきましょう。

▲万景壁橋から見える垂直な柱状節理

橋からは、高さ50〜100mほどの垂直な崖が見えます。この崖はここから上流へ約2kmも壁のように続いており、万景壁と呼ばれています。崖をつくっているのは、御鉢平火砕流堆積物です。崖にはたくさんの割れ目がたてに入っており、柱を束ねたように見えます。これを柱状節理*と呼びます。層雲峡では、この柱状節理が渓谷美をつくりだすもととなっているので、ここでよく観察しておきましょう。

柱状節理は、火山から流れ出た溶岩*や地表近くのマグマ*が冷えて固まるときにできることが多いのですが、火山灰*がつもった火砕流堆積物にも柱状節理ができることがあります。噴出した火砕流は、地形の低いところを埋め立てるように流れ下っていきます。もともと谷地形だったところでは、数百mの厚さに堆積することも珍しくありません。厚く堆積した火砕流の内部は温度が高く、火山ガラスの粒がふたたびとけてくっつき合う溶結＊という現象が起こります。軽石＊は火砕流の重みでつぶされてレンズ状のガラスになってしまいます。溶結している火砕流堆積物が冷えるときには、やはり縮もうとする力が働くので、溶岩と同じように冷やされる表面から垂直の方向に節理＊ができるのです。

火山灰が溶結してできた岩石を溶結凝灰岩＊といいます。層雲峡で見られる絶壁の大部分は、このようにしてできた柱状節理の多い溶結凝灰岩です。

❷ 白水橋　乱れる柱状節理

▲白水橋から見える乱れた柱状節理

観音岩覆道を過ぎてすぐ左に駐車スペースがあります。道路を渡り、白水橋の近くまで行って崖を観察しましょう。ここは層雲峡の中でも崖がもっとも国道にせまっているところで、柱状節理のようすがくわしく観察できます。

崖の高さは200mくらいありますが、万景壁の柱状節理とは少し違い、崖の中央部で節理の方向が乱れています。このあたりでは、上から続く柱状節理の下部がなくなっており、柱の断面が下から見える状態になっているところがあります。このような部分は、とても不安定で、いずれ崖から節理に沿って岩がはがれ落ちる危険性があります。

春先や木々の葉が落ちる秋には、柱状節理のある火砕流堆積物の下に、黄褐色の別の地層を見ることができます。これは、火砕流の弱溶結の部分や、火砕流噴火の前に噴出したスコリア＊を多く含む岩屑流＊堆積物です。さらに下の川岸には、ところどころに土台の地層の一部である粘板岩＊が露出しています。このように、硬い溶結凝灰岩の下の地層まで浸食が進んでいることも、層雲峡で落石が起こる原因の一つになっています。

▲国道から見上げる屏風岩の柱状節理

③ 屏風岩　崖にそびえる柱状節理の壁

屏風岩(びょうぶいわ)覆道を過ぎて125mのところにある残月(ざんげつ)橋の手前左側に駐車スペースがあります。

正面の高いところに見える崖が屏風岩です。崖の高さは、②地点より100mも高くなっています。崖が3カ所で突き出ているようすは、折りたたんだ屏風のように見えます。垂直の崖の下の部分から木の生えた斜面が続いていますが、ここは非(ひ)溶結の火砕流や火砕流が流れる前からあった古い土台の地層がある部分と考えられます。石狩川は、火砕流堆積物だけではなく、その下にある地層まで深く浸食しているのです。

④ 層雲峡ビジターセンター　大雪山の情報発信基地

層雲峡温泉街の入口に公共駐車場があるので、そこに車を止めて、ロープウェイ駅の手前にあるビジターセンターに行ってみましょう。

▲層雲峡ビジターセンター

ここは黒岳(くろだけ)登山者のための情報センターにもなっており、大雪山の動植物をはじめ、地形についてもくわしく知ることができます。とくに大雪山から十勝岳連峰にかけての地形ジオラマが目をひきます。層雲峡の成り立ちや大雪山に見られる構造土＊のでき方もパネルでていねいに解説されています。

❺ 紅葉谷　大迫力の柱状節理と紅葉滝

ビジターセンター前の道を、橋を渡って道なりに進んでいくと、突き当たりが紅葉谷(もみじだに)散策路の入口になっています。駐車場に車を止めて、いちばん奥の紅葉滝まで行ってみましょう。散策路とはいっても、岩場の多い登山道と同じなので、軽登山靴をはいた方がいいでしょう。

▲紅葉谷の対岸の柱状節理

散策路を進むにつれて、崩れた大きな岩が多くなります。これらの岩は、これまでの観察地点で見てきた御鉢平火砕流堆積物です。強(きょう)溶結した部分が柱状節理に沿って崩れ、谷に落ちてきたのです。谷の下には、御鉢平を源とする赤石川が激流となって流れています。ここはまさに川が溶結凝灰岩を浸食して、層雲峡の切り立った崖をつくっている現場なのです。

散策路の終点の紅葉滝は、よく見ると二段になっており、川が柱状節理の垂直な壁を削り込んでいることがよくわかります。対岸を見ると、高さ100m以上もある垂直な柱状節理の壁に圧倒(あっとう)されます。左岸側の壁を見ると、節理の幅は2m以上もあり、とても太い柱であることもわかります。このように柱状節理に手でじかに触れることができる地点は、層雲峡でもわずかです。

足もとにある転石(てんせき)*から溶結凝灰岩を探してみましょう。全体的に灰色で、暗灰色(あんかいしょく)の軽石が入っているのが溶結凝灰岩です。石を割ってつくりを観察すると、透明な石英(せきえい)*や白っぽい斜長石(しゃちょうせき)*、黒い輝石(きせき)*などの鉱物の結晶がぎっしりとつまって固まっています。火山ガラスは少なく、もともと結晶が多い火山灰が溶結したものと考えられます。

▲溶結凝灰岩を削り込む紅葉滝

⑥ 銀河・流星の滝駐車場　絶壁を流れ落ちる滝

国道39号から銀河(ぎんが)トンネルの手前で右折し、旧道に入るとすぐに銀河・流星の滝駐車場に出ます。落差100mほどもある滝が、細くV字に浸食された谷から流れ落ちるようすは圧巻(あっかん)です。2つの滝の間にそびえる岩は“不動岩”と呼ばれ、柱状節理の発達した溶結凝灰岩が川による浸食からまぬがれた部分です。

銀河の滝の水が石狩川に注いでいるところには、滝から崩れ落ちてきた岩石が積み重なっています。このほとんどは溶結凝灰岩です。川の中の転石の溶結凝灰岩をくわしく見てみましょう。溶結凝灰岩は⑤地点の紅葉滝で見たものと同じです。岩の表面にいくつものくぼみがありますが、これは岩石中の軽石がまわりよりも先に浸食されたためにできたものです。レンズ状につぶれた軽石も見つけることができます。

⑦ 双瀑台　火砕流台地を刻(きざ)む滝

駐車場から2つの滝を同時に見ることはできないので、売店の中央の入口から双瀑台(そうばくだい)まで登ってみましょう。20分ほど急な階段を上ると双瀑台ですが、途中のテラスでも2つの滝とその間の“不動岩”を正面から見ること

▲銀河の滝と崩れ落ちてきた岩石

▲軽石が浸食されてできたくぼみとレンズ状につぶれた軽石(矢印)

ができます。銀河の滝と流星の滝は、火砕流台地を浸食しながら石狩川に流れ落ちています。2つの滝の滝頭の位置を比べると、流星の滝の方が30mくらい低くなっていることがわかります。これは、流星の滝となっている雄滝の沢の水量が多く、火砕流台地をより深く浸食していることを物語っています。

流星の滝の右側の崖面に、放射状の筋がついた扇形の面が見られます。双眼鏡で見ると、節理の筋がたてに残っているので、節理から岩がはがれ落ちた面ではありません。どのようにしてできたのか考えてみてください。

▲双瀑台から見た銀河の滝(左)と流星の滝(右)。滝の下の白い部分は雪

❽ 大函　柱状節理がつくる細い渓谷

新大函トンネルを抜けてすぐに左折すると、大函の広い駐車場があります。展望テラスからは川の両岸の柱状節理を観察できます。このように岩壁で囲まれた渓谷は"函"と呼ばれています。柱状節理をつくっているのは、これまでも見てきた御鉢平火砕流堆積物ですが、ここまで来ると急にうすくなり、20mほどの厚さしか見えません。石狩川が溶結した火砕流堆積物を浸

▲火砕流の柱状節理が浸食されてできた大函

食するときに、垂直な柱状節理に沿って岩が崩れていくために、“函”がつくられたのです。地質の特徴が独特の地形をつくりだした好例といえるでしょう。

駐車場の上流側に続いているニセイチャロマップ林道を200mほど進むと、川の対岸に柱状節理を見ることができます。間近にせまる巨大な柱状節理は圧巻です。

▲林道の対岸に見られる柱状節理

⑨ 大雪山写真ミュージアム駐車場　石狩川が刻んだ谷

層雲峡温泉にもどり、ロープウェイ駅の右の道路を上がっていくと、層雲峡大雪山写真ミュージアムがあります。そこの駐車場から石狩川が浸食した谷地形を見渡すことができます。谷の両岸に見える柱状節理の崖の上端を結んでみましょう。3万4000年前は、そこまで火砕流堆積物で埋めつくされていたのです。その後、現在の峡谷ができるまで、石狩川が浸食した岩石の膨大(ぼうだい)な量を想像してみてください。石狩川による浸食は、現在も進行中です。

▲石狩川が火砕流台地を浸食してつくった谷

豆知識

●溶結凝灰岩

火砕流＊堆積物が厚く堆積すると、層雲峡や天人峡(てんにんきょう)の崖で見られるような溶結凝灰岩＊となることがあります。火口から噴出した火砕流は、火山灰＊や軽石＊、岩片(がんぺん)＊などからできています。火山灰は、下の写真のように多くの火山ガラスや鉱物の結晶の小さな粒子からなり、軽石や岩片の間を埋めています。溶結＊という現象は、火砕流が厚く堆積し、中心部に熱がこもって、火山ガラスをとかすほど高温になったときに起こります。とけた火山ガラスからは気泡(きほう)がぬけ、緻密(ちみつ)なガラスに変わっていきます。軽石やスコリア＊も大部分がガラス質でできており、火砕流自体の重さでとけながらレンズ状につぶれていきます。火山ガラス以外の鉱物の結晶はとけませんが、圧密(あつみつ)により結晶がこわれて破片状になっているようすが観察できます。溶結による変化は、溶結する前（非溶結）と溶結後（強溶結）のサンプルを実際に手に取り、比較するとよくわかります。下の御鉢平火砕流堆積物の写真からは、溶結による大きな変化がわかります。

非溶結

強溶結

採取したサンプル

▲火砕流の大部分は細かな火山灰で、軽石やスコリアをふくんでいる

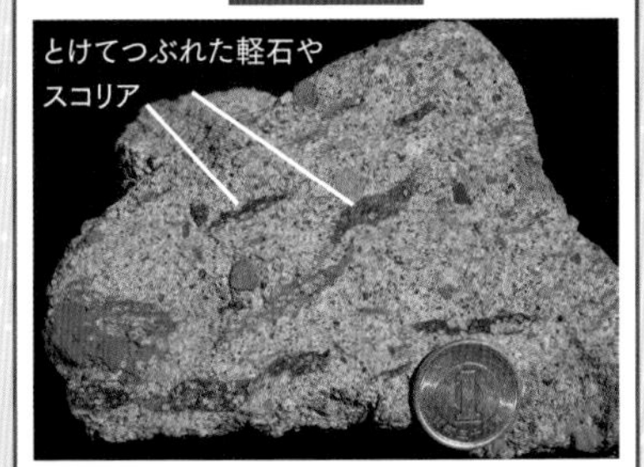

▲とけた火山ガラスがくっつき合い、硬く溶結している

顕微鏡で見たとき

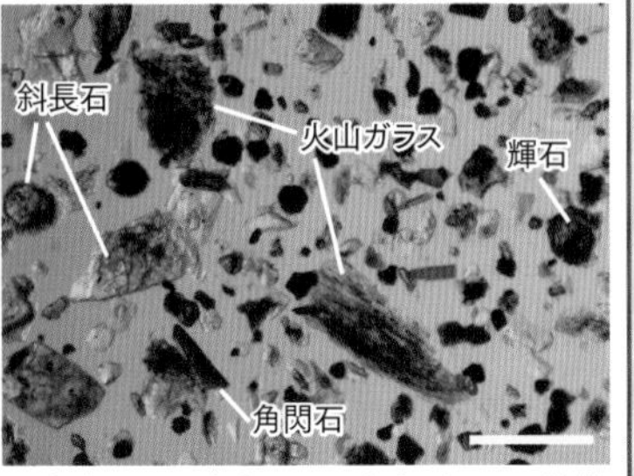

▲水洗いした火山灰は、火山ガラスや鉱物の結晶からできている　（黄線は1mm）

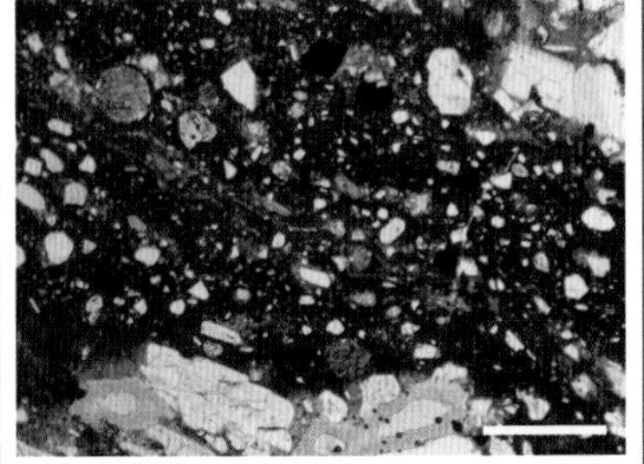

▲破片状の鉱物の結晶の間を、とけて固まった黒色火山ガラスが埋めている

黒岳　大雪山をつくる火山群とカルデラ

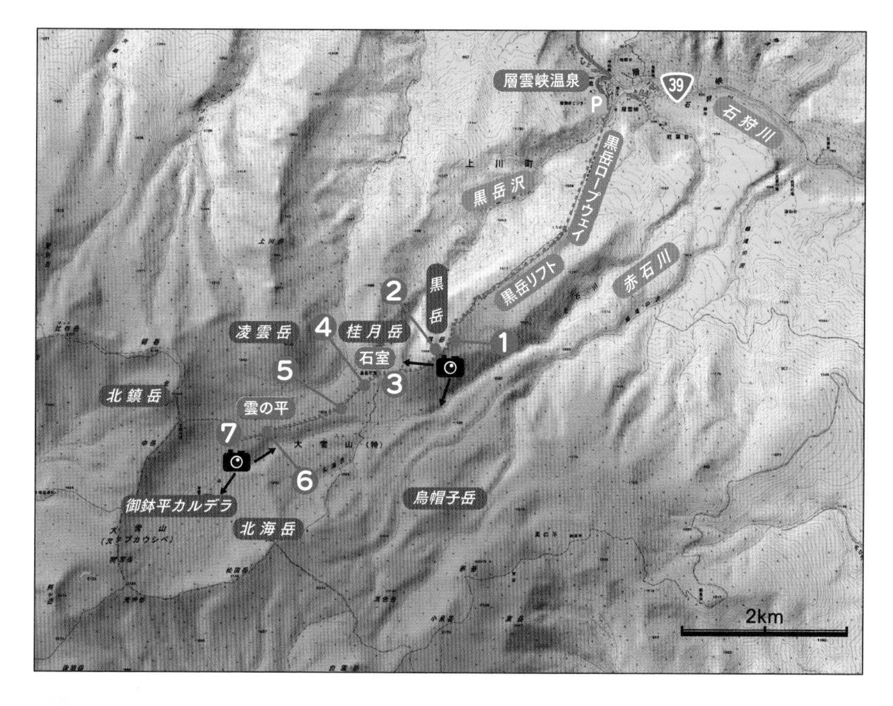

ルート　層雲峡・黒岳ロープウェイ(約7分)→(5分)→ 黒岳ペアリフト(約15分)→ 7合目登山事務所 →(70分)→ ❶“マネキ岩” →(20分)→ ❷黒岳山頂 → →(20分)→ ❸ 黒岳西斜面 →(5分)→ 黒岳石室 →(7分)→ ❹ 地点 → →(5分)→ ❺ 地点 →(20分)→ ❻ 雲の平 →(10分)→ ❼ 御鉢平展望台

みどころ　大雪山の黒岳(くろだけ)は、旭岳とならぶ人気の観光地です。ロープウェイとリフトを乗りつぐと、1510mの7合目まで簡単に行くことができ、大雪山登山の入門コースともいえる黒岳の山頂まで、大勢の登山者が訪れます。

黒岳からさらに足をのばして御鉢平(おはちだいら)まで行くと、雄大な景色を満喫(まんきつ)しながら、大雪山をつくっている火山群や御鉢平火砕流＊の噴出源があった御鉢平カルデラ＊を見ることができます。また、高山のきびしい気候でつくられた周氷河地形＊のひとつである構造土＊も広い範囲に分布しています。

注意

このコースは、朝早くに出発すれば、十分に日帰りできますが、登山経験のある中～上級者向きです。層雲峡温泉から黒岳山頂までは約 1330m の標高差があり、ふもとと山頂付近では天候が全く違うことがあります。層雲峡ビジターセンターなどで必ず登山情報を確認してください。気温はふもとより 10℃くらい下がるので、夏場でも防寒具が必要です。トイレは 5 合目のロープウェイ駅と黒岳石室にしかないので、携帯トイレを持参しましょう。

❶ "マネキ岩"　取り残された岩塔

▲"マネキ岩"と付近の紅葉

7合目の登山事務所で入山届を書いて、山頂をめざしましょう。山頂までの登山道には、上から崩れてきたと思われる岩塊がしきつめられており、ひたすら急な登りが続きます。岩はどれも安山岩(あんざんがん)*で、白い斜長石*の斑晶(はんしょう)*が目立ちます。どうやら黒岳は溶岩*でできているようです。

9合目を過ぎると、"マネキ岩"と呼ばれている岩塔(がんとう)が前方に見えてきます。この岩は、まわりの岩が崩れ落ちて取り残されたものと考えられます。不規則な割れ目がかなり入っているので、この岩塔もいずれ崩れていくでしょう。このあたりの急斜面は、秋には一面の草木が赤や黄色に染まる絶景ポイントとなります。

❷ 黒岳山頂
雄大な景色と削られた溶岩ドーム

▲黒岳山頂より桂月岳と凌雲岳

黒岳の山頂に着くと、晴れているときには視界が一気に開け、大雪山の雄大な景色が目に飛び込んできます。だれもがそのスケールの大きさに圧倒されます。西を見ると、おわんを伏せたような形の桂月岳(けいげつだけ)と凌雲岳(りょううんだけ)が並び、その左下には黒岳石室(いしむろ)の建物と雲(くも)の平(だいら)へ続くな

▲黒岳山頂から望む御蔵沢溶岩の溶岩堤防。堤防には柱状節理が発達している

だらかな斜面が広がっています。南を見ると、山頂が少しとがっている烏帽子岳からのびるゆるやかな斜面が、途中から急な角度で落ち込んで浸食されているようすが見て取れます。さらに烏帽子岳の手前には北東から南西方向にのびる平行な二列の細い尾根があり、北海岳の山頂付近に続いています。この尾根は北海岳の東斜面から噴出した御蔵沢溶岩が流れ出たときにできた溶岩堤防*です。溶岩流は冷えた側面に堤防をつくりながら、その間を流れたのです。この溶岩の年代は大雪山の中でも新しく、約3万年前以降と考えられています。溶岩堤防のでき方は、「旭岳」のコースを参照してください（☞p.37）。

まわりの景色をひととおりながめたら、今立っている黒岳について調べていきましょう。まず、足もとの岩石を手に取ってみると、白い斜長石の斑晶が目立つ淡赤褐色の安山岩です。大きな結晶は1cmくらいあります。これは、登山道で見られた岩塊と同じ岩石です。黒岳は、30万年前ころに地表に噴出したマグマ*がドーム状に盛り上がってできた溶岩円頂丘*と考えられています。桂月岳や凌雲岳も同じころにできた溶岩円頂丘です。これらは大雪山をつくるやや古い火山なのです。

しかし、円頂丘とはいっても、黒岳の北側は山体がそり落とされたような絶壁になっており、崖は桂月岳の東側まで続いています。地形図を見ると、この下には黒岳沢が流れています。つまりこの崖は、黒岳沢の源頭部にあたり、激しく浸食が行われている最前線ということになります。

▲浸食が進んでいる黒岳の山頂部

❸ 黒岳西斜面　岩塊でしきつめられた斜面

山頂でひと休みしたら、石室に向かって登山道を下りていきます。斜面を下りきったところで左側を見ると、黒岳の西斜面が大きな岩塊で埋めつくされています。これは浸食された岩石が上から落ちてきてたまったものではありません。岩石のすき間に入り込んだ水分が冬季間に凍結と融解をくりかえすことで岩石の破壊が進み、できた岩塊が融雪時に少しずつ斜面を移動して、長い年月をかけてつくられていくのです。この作用は高山のきびしい環境のもとで現在も続いています。

▲黒岳の西斜面を埋めつくす岩塊

黒岳と同じ溶岩円頂丘である桂月岳や凌雲岳にも、岩塊で埋められた斜面が見られます。登山道からながめて探してみましょう。

❹ 地点　凍結坊主の草地

黒岳石室は大雪山登山の基点となるキャンプ地です。ひと休みしたら北鎮岳方面を示す標識を確認して進みましょう。ここからは、ほぼ平坦な火山灰＊地と、草地が続きます。

黒岳石室から7分ほど歩いた地点で、登山道の両側の草地を注意して見てください。あたり一面の地面が、丸みをおびてぽこぽこ盛り上がっています。直径は1mくらいあります。これは凍結坊主＊(アース・ハンモック)と呼ばれる構造土のひとつです。水分を多くふくむ土壌の上に草が密集して生えているところで、土中の水分が凍ると地面が丸く盛り上がるのです。凍結坊主は、この地点がきびしい寒さにさらされていることを物語っています。

▲凍結坊主で盛り上がっている地面

❺ 地点　御鉢平火口の噴出物

さらに登山道を5分ほど歩くと、地表から1.5mくらい削り込まれた狭い部分を通ります。そこにはまわりの台地をつくっている2層の火山灰層の断面が現れています。手に取ると、灰色のさらさらした火山灰で、白い軽石＊や黒い岩片＊が交じっています。この火山灰層は、どちらも約3万4000年前に御鉢平火口から噴出した火砕流堆積物とされています。この地点では溶結＊していませんが、下の層雲峡では流れ下った火砕流が厚さ300m以上も堆積し、溶結凝灰岩＊の見事な柱状節理＊をつくっています。

▲登山道に見られる御鉢平火砕流堆積物（スケールは1m）

❻ 雲の平　広がる構造土

登山道の左には、深い谷をつくって流れる赤石川が見えます。赤石川は、御鉢平カルデラの北東の縁を浸食してカルデラの中から流れ出ている川で、下流の層雲峡温泉街の東で紅葉谷を流れています（☞p.46）。

このあたりの平坦な台地は雲の平と呼ばれています。地表の草地のようすを注意して見てください。草地の部分とれき＊の多い地面が交互に現れ、それらはどれも北東から南西方向に帯状にのびています。この微地形＊も構造土で、階状土＊あるいは縞状土＊と呼ばれるものと思われます。れき地の幅は約1mで、れき地と接する草地の北西側の部分は根が見えるほどめくれ上がり、草地全体が南東側に傾いています。構造土のできる理由ははっきりとはわかりませんが、集まっているれきや草地の状態をよく観察して考えてみましょう。このような微地形ができるまでには長い年月ときびしい気候がかかわっていることはまちがいありません。

▲雲の平に広がる構造土。奥の山は凌雲岳

▲御鉢平展望台から望む御鉢平カルデラ

❼ 御鉢平展望台　御鉢平火砕流の噴出源

雲の平の先のやや急な斜面を登りきると、御鉢平カルデラを見わたす展望台です。視界が開けると、直径約2kmのカルデラが圧倒的なスケールでせまってくるように感じられます。カルデラの形は、隕石(いんせき)*が落ちた後にできるクレーター*に似ていますが、これは火山活動によってできたものです。約3万4000年前に、この場所にあった火口から軽石を噴出する大規模な噴火が起こり、それに続いて膨大な量の火砕流が周囲に流れ出しました。これが御鉢平火砕流で、谷だったところには特に厚く堆積し、石狩川では層雲峡を、忠別川(ちゅうべつがわ)では天人峡をつくるもととなりました（☞p.8,9鳥瞰図参照）。地下にあった大量のマグマが噴火で放出されたために、地表が落ち込んで現在のようなカルデラとなったのです。かつては、このカルデラに水がたまって湖となっていたことが、カルデラ内の堆積物からわかっています。しかしカルデラ壁の北東の一部が浸食されたために水は残っていません。現在は赤石川がカルデラ内の水を集めて排出しています。

展望台から来た道を振り返ってみましょう。御鉢平カルデラの北から東にかけて溶岩円頂丘の古い火山がカルデラをとりまいていることがわかります。

▲御鉢平展望台から望む古い溶岩円頂丘群

天人峡　火砕流の絶壁がおりなす景観

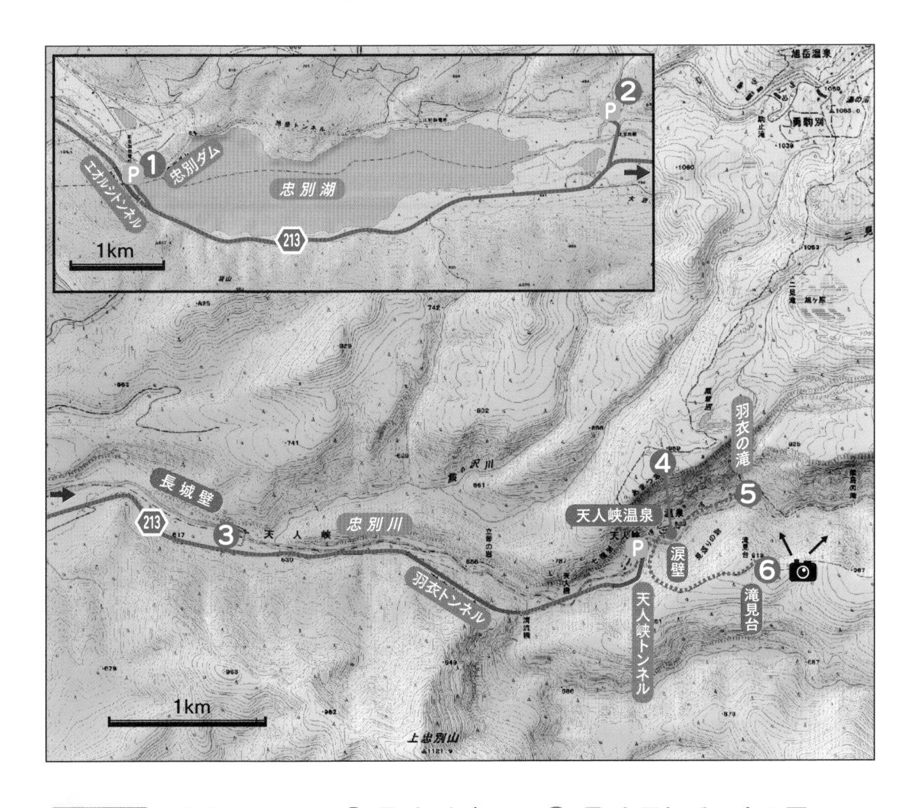

ルート　道道213号 → ❶ P 忠別ダム → ❷ P 大雪旭岳源水公園 →
❸ 長城壁 → P 公共駐車場 -(3分)→ ❹ 涙壁 -(13分)→ ❺ 羽衣の滝
└(60分)→ ❻ 滝見台

みどころ　天人峡は、北海道一の落差を誇る羽衣（はごろも）の滝があることで有名な観光地です。断崖から流れ落ちるゆるやかな滝は、訪れる人々を楽しませています。この峡谷で見られる崖は、層雲峡の崖と同じく、約3万4000年前に大雪山の御鉢平から噴出した火砕流*堆積物でできています。それを忠別川が長い年月をかけて浸食し、深い峡谷をつくりだしたのです。火砕流堆積物は、冷え

方の違いにより柱状節理*ができたり、できなかったりします。この違いが天人峡のみごとな景観（けいかん）を生み出しています。

❶ 忠別ダム　日本一の複合ダム

旭川市街から道道213号を通り天人峡へ向かいます。途中にある忠別ダムへ寄ってみましょう。エオルシトンネルを抜けて左にある駐車帯から堤（てい）頂（ちょう）広場まで道がついています。ここからは、忠別湖の向こう側に旭岳の地獄谷火口を見ることができます。

▲複合ダムでは日本一の大きさを誇る忠別ダム

ダムの上まで歩いて行ってみましょう。下流側の放水路の左壁から、勢いよく放水されています。発電に使われたダムの水が、ここから出ているのです。300mほど行くと、ダムのつくりが大きく変わります。コンクリートで造られていたダムが、石積みのフィルダムというダムに変わるのです。じつは、忠別ダムはコンクリートダムとフィルダムが合わさってできている複合ダムで、複合ダムの大きさでは日本一だそうです。

積んである石を近くで見ましょう。忠別湖側の石は直径1mを超えるような巨岩が多く積まれていますが、下流側は40cm以下のれき*がびっしり積まれています。なぜ石の大きさに違いがあるのでしょうか。ダムを管理している部署に問い合わせたところ、湖側は波などの影響を受けるので、ダムを守るために表面に大きなサイズの石をしき並べ、下流側は雨などの浸食にたえられる程度の少し小さなサイズのれきを並べているとのことでした。

対岸の忠別ダム管理支所には、忠別ダムが出来るまでをくわしく解説した展示があります。自然の大きな力にたえていかなくてはならないダム建設には、さまざまな工夫がされていることがわかります。忠別ダムが、なぜ複合ダムとなったのか、映像展示を見て調べてみましょう。

❷ 大雪旭岳源水公園　大雪山の湧水

▲遊歩道奥にある湧き出し口

道道213号から旭岳温泉へ向かう道道1116号に入り、忠別湖方向へ少し戻ると、右手に「大雪旭岳源水公園」があります。大雪山に降った雨や雪解け水が地中にしみ込み、伏流水＊となって長い年月をかけて流れてきたものが、溶岩＊の末端部から毎分4600 L も湧き出ているのです。湧き出し口から駐車場わきの水汲み場まで水道が引かれており、だれでも自由に水を持ち帰ることができます。湧き出し口まで行くには、遊歩道を5分ほど歩きます。湧水は、大雪山の山体が天然のフィルターとなっているため、ミネラル分が豊富で、年間を通して水温は約7℃に保たれています。

❸ 長城壁　柱状節理が続く崖と溶結凝灰岩

羽衣トンネルの約1.2km手前に大岩橋という吊橋があります。橋に向かうわき道に入ると駐車スペースがあります。

河原まで下りて対岸のようすを観察しましょう。木々の間に垂直にのびた柱状節理の崖が続いており、長城壁と呼ばれています。この柱状節理は、約3万4000年前に大雪山の御鉢平から噴出した火砕流堆積物が冷えて固まるときにできたものです。河原には、柱状節理が崩れてできた巨岩がたくさんあります。この岩石をじっくりと観察しましょう。

▲対岸に続く長城壁の柱状節理

▲つぶれた軽石やスコリアが見られる転石

岩石の表面に、たくさんのつぶれた黒いレンズ状のものが、一方向にのびているようすが見られます。そのまわりは火山灰*の粒などがつまっており、全体的にとても硬い岩石になっています。これは溶結凝灰岩*と呼ばれる岩石です。厚く堆積した火砕流の内部では、熱により火山ガラスなどが再びとけ出して、粒どうしがくっつき合う溶結*という現象が起こります。その状態で冷えて固まると溶結凝灰岩となり、縮むときにできた割れ目が縦方向にのびると柱状節理ができるのです。表面に見えるレンズ状のものは火砕流にふくまれていた軽石*やスコリア*で、溶結するときに押しつぶされ、黒色のガラスになったものです。このあたりの溶結凝灰岩は、ガラス化した軽石やスコリアが多く、溶結の程度がとても強かったことがわかります。

❹ 涙壁　火砕流の冷え方の違いでできた壁

天人峡トンネルを抜けて左手にある公共駐車場に車を置きます。温泉の宿泊客以外は、車でこれより先には行けません。

坂道を上がり羽衣橋を渡ると、対岸に高さ60mくらいの大きな崖が見えます。崖の最上部は③地点で見た柱状節理の続きですが、その下はのっぺりとした厚い火砕流堆積物で、いちばん下の川岸にはれき層が見られます。厚く堆積している火砕流は一度に流れ出たのではなく、何層もの火砕流が積み重なって厚くなったものです。地表近くで早く冷やされると火砕流は溶結せず、浸食されるとのっぺりとした崖をつくるのです。下のれき層の上面は、火砕流が堆積する前の地表面です。

▲何層もの火砕流が積み重なっている“涙壁”

柱状節理と非溶結の火砕流の層の境目からは、水がしみ出ています。柱状節理にしみ込んだ水は、その一部がさらに非溶結部にしみ込み、非溶結部の中にあるうすい粘土(ねんど)層に達すると下には浸透することができず、そこからも崖面にしみ出てきます。しみ出た水は崖面をぬらすように流れ落ちているため“涙壁”と呼ばれるようになったのです。

⑤ 羽衣の滝　落差北海道一の滝

▲展望台から見た羽衣の滝

羽衣の滝は、1991年に「日本の滝百選」にも選ばれた観光スポットですが、2013年5月に、羽衣の滝まで続く遊歩道や展望台が大規模な土砂崩れで埋まっているのが発見され、その後長い間、通行止めとなっていました。2018年6月にようやく復旧工事が終わり、新しい橋を渡って新たな展望台から滝を見上げることができるようになり、観光客もしだいに増えてきています。

羽衣の滝は落差が270mもあるため、展望台からは滝の全体を見ることはできません。ここでは滝のまわりの地質と滝の流れ落ち方との関係を観察しておきましょう。

滝の上から3分の2くらいまでは、柱状節理が発達した御鉢平火砕流堆積物です。柱状節理が崩れて階段状になっている部分に滝が流れ落ちると、そこが滝の段となります。滝の下の方は、のっぺりとした崖の面を水がレース状に流れ落ちています。この部分は、④地点で観察した涙壁と同じで、非溶結の火砕流が堆積している部分と思われます。

忠別川の河床（かしょう）や対岸には、古い時代の変質した灰色の安山岩やれき層が現れています。御鉢平火砕流堆積物はこれらの地層を厚くおおっています。

⑥ 滝見台　羽衣の滝の全容と旭岳

看板には軽登山コースと書かれていますが、普通の登山の装備が必要です。急な崖についている細い登山道には危険なところもあり、小さなお子さんにはお勧めできません。

再び羽衣橋を渡ると、正面に「軽登山コース　トムラウシ登山道入口」の看板があります。入山届を書いたら、崖の上にある滝見台まで行ってみましょう。最初の急な崖を30分ほど登ると平坦地となり、しばらく行くとベンチが二つある展望所に着きます。看板はありませんが、ここが滝見台です。

▲火砕流台地の上にのっている旭岳

▲滝見台から見た羽衣の滝の全容

滝見台からは、羽衣の滝のすべてを見ることができます。⑤地点ではよくわからなかった柱状節理のある強溶結した火砕流とのっぺりした非溶結の火砕流の境目も見えます。さらに、羽衣の滝は右から流れ落ちる沢水と途中で合流して滝を形成していることもわかります。

羽衣の滝がどのようにしてできたのか、考えてみましょう。まず、火砕流が厚く堆積してできた台地を忠別川が浸食して深い峡谷をつくりました。忠別川につながる支流は、この峡谷に達すると滝となって流れ落ちることになります。本流と支流の浸食力の違いが、滝をつくるもととなっているのです。これに加えて、崖の地質の変化がこのような見事な景観を生み出したといえるでしょう。

目を少し右へ移すと、円錐形をした旭岳が見えます。滝見台から見ると、旭岳が御鉢平火砕流堆積物の上にのっているように見えます。これは、地質の違いが地形の形成順を表している好例です。ここから読み取れる地形の形成順は、御鉢平火砕流の台地の形成→旭岳の溶岩流の台地の形成→旭岳の円錐形の山体の形成→旭岳の地獄谷火口の形成となります。

雄大な自然の景色をながめながら、それらがどのようにしてつくられていったのか、順番を追って確かめてみてください。

第3章

滝川 沼田 雨竜

滝川
沼田
ホロピリ湖周辺
尾白利加川
雨竜沼湿原

滝川　平野に眠るカイギュウ

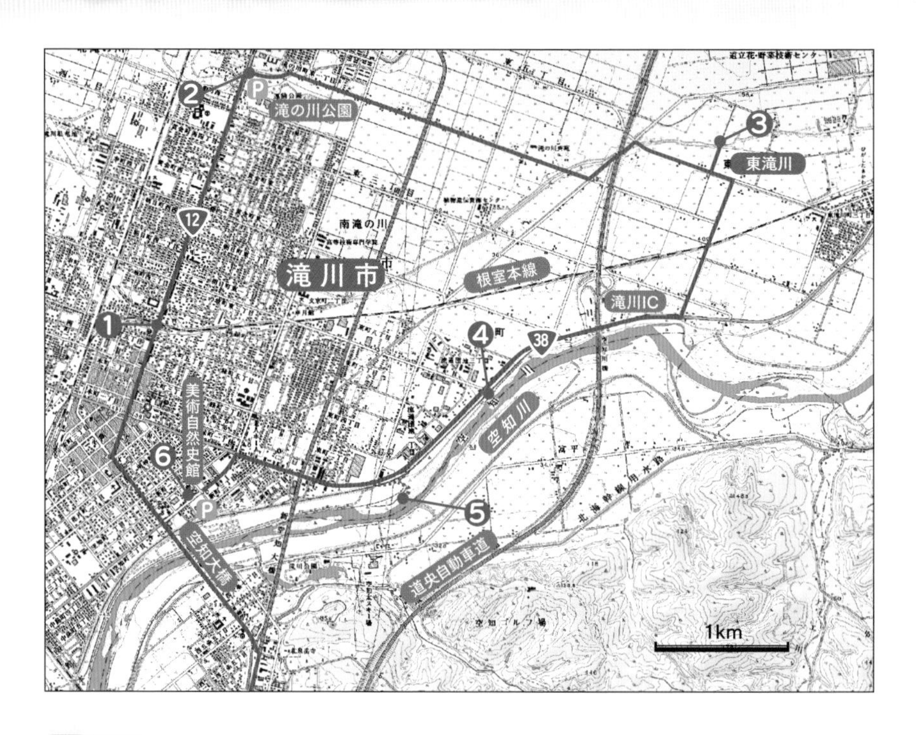

ルート　中央国道12号 → ❶一の坂 → ❷二の坂（P 滝の川公園）→ ❸東滝川 → ❹タキカワカイギュウ化石採取地 → 堤防前 −5分→ ❺空知川右岸
└→ ❻P 滝川市美術自然史館

みどころ　滝川市は、石狩川と空知川が合流する平野部に発展した街です。この平坦な土地には目立つ露頭＊はありませんが、川がつくった河成段丘＊が発達しています。平野の堆積物を取り除くと、そこには500万年前の海底に堆積した地層が広がっています。その地層の一部が空知川の河床で観察できます。1980（昭和55）年には、この地層から北海道天然記念物に指定されているタキカワカイギュウ＊の化石が発見されています。当時の海底にすんでいた貝の化石も産出します。これらの化石を観察しながら、海から陸へと変化していった滝川の大地の生い立ちを知ることができます。

❶ 一の坂　延々と続く河成段丘

▲一の坂付近の段丘崖とJR根室本線

最初に滝川市内の地形を見ていきましょう。空知大橋を渡って国道12号を進んでいくと、JR根室本線を越えるところで上り坂になり、坂の上はまた平地になります。坂になっているところにはJR根室本線に沿う崖(がけ)があります。この崖は比高(ひこう)7mほどで、東北東に約7km、東滝川付近まで続いています。また、西にある石狩川の方へもこの崖の名残(なごり)をたどることができます。滝川市街地は、JR根室本線を境にして北側が一段高くなっているのです。

この崖はどのようにできたのでしょうか。崖は石狩川や空知川から1km以上離れていますが、これらの川が平地を浸食してつくった河成段丘の段丘崖(だんきゅうがい)＊と考えられます。滝川市には、高位・中位・低位の3段の河成段丘があることが知られており、一の坂のある場所は低位段丘の段丘崖にあたります。

❷ 二の坂　さらに古い河成段丘

一の坂から国道12号をさらに2km進むと、また上り坂が見えてきます。これが二の坂です。右手の滝の川公園に駐車して坂のまわりの地形を観察しましょう。

滝の川公園は、①地点で観察した低位段丘面＊にあります。公園の北にある滝川第二小学校はさらに一段高い段丘面上にあり、ここが中位段丘面になります。小学校から公園まではゆるやかな斜面になっており、これが段丘崖にあたります。①地点の段丘崖よりもゆるやかなのは、中位段丘ができた時代が低位段丘よりも古く、段丘面や段丘崖が浸食されているからです。河成段丘は、上にある段丘ほど形成時期が古いのです。

▲二の坂付近の中位段丘のゆるやかな段丘崖

❸ 東滝川　河成段丘の証拠

二の坂から道を東南東に進み、東滝川付近まで来ると、低位段丘の段丘崖が続いているのが見えます。崖を上る坂道では、段丘崖を削った斜面に露頭を見つけることができます。露頭には、角がやや丸くなったこぶし大のれき*がたくさん見られます。れきは砂岩*、泥岩*、チャート*、安山岩*、軽石*など様々です。これらのれきは昔の空知川が運んできたもので、それが崖の上の面をおおっているのです。河成段丘面*をおおうれき層は段丘れき*層と呼ばれ、これがある平坦面は河成段丘と判断できるのです。

▲東滝川の段丘崖を横切る坂道

▲段丘崖に見られる段丘れき

❹ タキカワカイギュウ化石採取地

空知川の右岸沿いの国道38号を滝川市街に向かって進むと、一丁目通との交差点の左手にタキカワカイギュウ（☞p.68）化石の採取地を示す看板があります。看板の横に駐車スペースがあります。

堤防を越えて空知川の川岸近くまで行ってみましょう。現在は空知川の流れが川幅いっぱいに広がっていますが、タキカワカイギュウが発見された1980（昭和55）年は異常渇水していたときで、河床には砂岩の岩盤が連続して現れていました。この砂岩層は、約500万年前の海底に堆積した深川層群の地層です。タキカワカイギュウは、ここから少し上流の河床で発見され、緊急発掘が行われたのです。

▲河床で発見された化石骨の発掘
（滝川市教育委員会、1984 より）

▲タカハシホタテの化石層

▲エゾキリガイダマシの化石

注意

川が増水しているときは危険なので近づいてはいけません。河床は狭くすべりやすいので十分に気をつけてください。

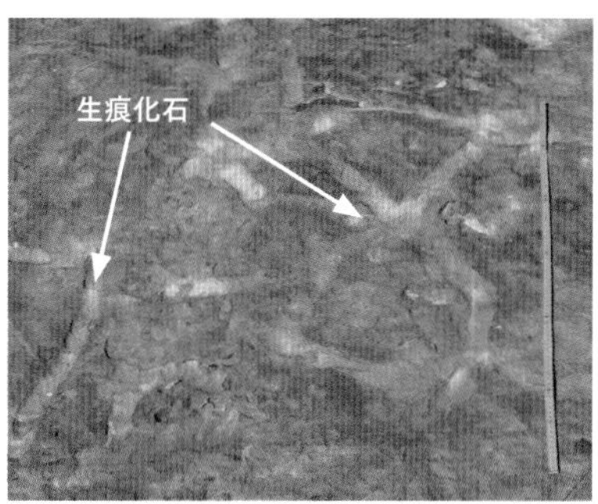

▲地層表面の生痕化石　（スケールは1m）

❺ 空知川右岸　タカハシホタテの化石層

④地点から国道38号をさらに1.2km進むと、左手に堤防に上がる道があります。柵の前に車を止めて、堤防上を上流に向かって約260m歩くと、右側に河川敷に下りる道があります。川岸近くの草地を抜けると川岸に出ることができます。

河床に現れているのは、深川層群の砂岩層です。足もとに貝化石がたくさん見られます。化石が層のように密集している部分は化石層＊といいます。ここで化石層をつくっているのは、タカハシホタテ＊という殻の厚い二枚貝です。貝殻がばらばらになっているものばかりなので、水流などによって貝殻がはき寄せられたのでしょう。化石層は、ゆるく下流に傾いています。ここでは、ほかに巻貝のエゾキリガイダマシの化石もたくさん見られます。殻がこわれやすいので、採取するときはまわりの母岩ごと取り出します。タカハシホタテについては、「沼田」のコースを参照してください（☞p.72）。

もう少し下流へ行くと、やや広い河床があります。貝化石は見当たりませんが、砂岩の表面を注意して見ると、砂の管のような跡があることに気づきます。管の形は直線や曲がっているもの、枝分かれしているものなど様々です。これらは海底に生活していた動物たちの巣穴やはい跡の痕跡で生痕化石＊といいます。管の内側に見られるラミナ＊のような模様は、動物が砂を掘り返したときにできたものです。生物の体そのものでなくても、生物が生活していた跡も化石にふくまれます。

深川層群から産出する貝化石などから、500万年前の滝川は寒冷な海だったと考えられています。海底にはタカハシホタテなどの多くの生物がすみ、海藻が生い茂っているところでは、タキカワカイギュウがゆったりとそれを食べていたのです。化石を見ながら、当時の海のようすを想像してみましょう。

❻ 滝川市美術自然史館　タキカワカイギュウの復元展示

国道38号を滝川市内に向かってさらに進み、新町2丁目の交差点で左折します。右手に滝川市美術自然史館の建物が見えてきます。こども科学館との共用駐車場が北側にあります。

▲タキカワワイギュウの復元展示物。全身骨格(左)と生体復元模型(右)

空知川の河床で発掘されたタキカワカイギュウは、ここに展示されています。

展示室(有料)に入ると、ずんぐりとした巨大な物体が目に入ります。そのとなりにタキカワカイギュウの全身骨格が天井からつるされています。巨大な物体は、じつはタキカワカイギュウの骨格に肉付けしたときの生体復元模型なのです。

全身骨格をくわしく観察しましょう。特徴的なのは、太くて重たい肋骨(ろっこつ)＊が並んでいることです。この肋骨は、海中では重りの役目をします。口の中には歯が見当たりません。タキカワカイギュウは柔らかい海藻を食べていたので、歯がしだいに退化していったようです。前足には指の骨がありますが、生体復元ではひれのようになっています。後ろ足は退化してありません。どう見ても泳ぎは得意ではなさそうです。

タキカワカイギュウの化石骨が地層に埋まっていたときの状態は、全身骨格の下に展示されている産状模型で知ることができます。

河床に埋まる化石骨を発掘し、さらに周辺地域の地質調査を行うために、滝川市や札幌市の大学の研究者や学生、小中学校・高校の教員などを中心とする調査団が結成されました。その活動による研究成果によって、滝川の大地の生い立ちがくわしくわかるようになったのです。

ここもおすすめ!

徳富川のタカハシホタテ

場所 新十津川町、徳富川学総橋上下流の河床

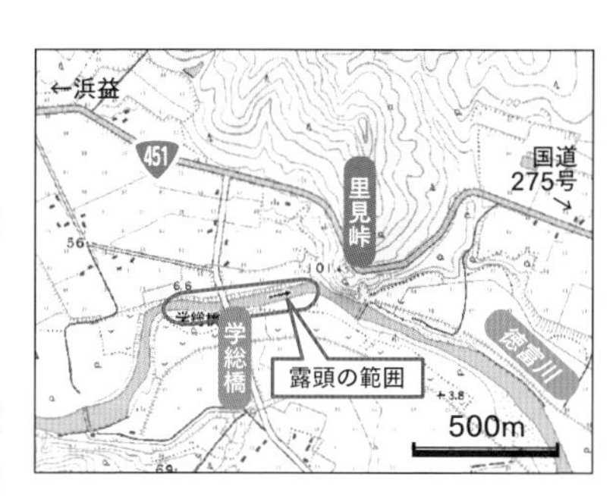

国道275号から浜益に向かう国道451号に入ります。里見峠を下って左折すると徳富川にかかる学総橋があります。渇水期には、橋の上流から下流まで500mにわたって河床に幌加尾白利加層が現れています。橋の左岸の護岸から河原に下りることができます。

河床の地層は暗灰色～青灰色の砂岩＊で、約50°で下流に傾斜しています。上流で川が南に曲流しているところには下位の増毛層が、また下流の里見峠の下の崖には上位の一の沢層の火山砕屑岩層が分布しているので、その間の河床で幌加尾白利加層のほぼすべてを観察することができます。露頭＊は川の両岸にありますが、右岸に渡るときは、十分に注意してください。

橋の上流50mの河床には、鮮新世＊の示準化石＊となっているタカハシホタテ＊の化石層＊が見られます。化石層は3層ほどあり、その一部は硬いノジュール＊となっています。いずれも川を横切る方向につながっているので、すぐに見つけられます。

化石を採取するときは、化石も層理面＊の傾斜に沿って埋まっているので、化石のまわりをかなり深く掘ることが必要です。

▲両岸に現れている徳富川河床の露頭

▲ノジュールとなっている化石層

沼田　化石王国を訪ねる

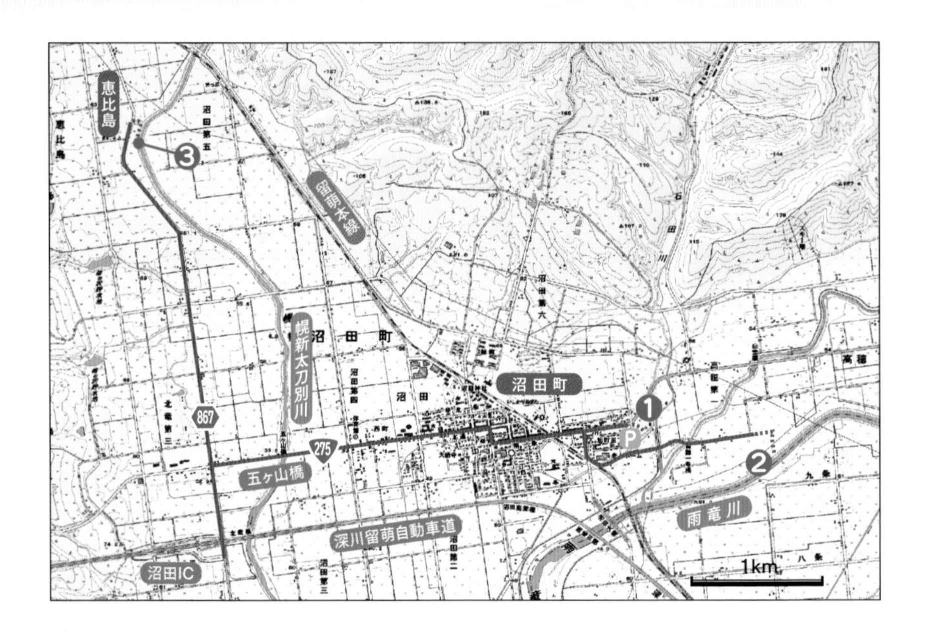

ルート　深川留萌自動車道・沼田ICまたは国道275号 → ❶ P 田島公園 → ❷ 高穂 → ❸ 恵比島

みどころ　沼田町は丘陵地の間に広がる低地に開けた豊かな田園地帯です。水田の下には、新生代新第三紀*鮮新世*（約533万～258万年前）の地層が分布しており、低地を流れる川の河床で連続的に観察することができます。

この地層からはたくさんの化石が産出することで有名です。河床では、現在のホタテ貝とは違う、絶滅した種類のタカハシホタテ*をはじめ、おびただしい量の貝化石が層をなしているようすが見られます。また、これらの貝化石に交じって、当時の海に生息していたクジラやイルカ、カイギュウなどの動物の化石も数多く発見されており、約500万年前の海のようすをくわしく知ることができます。

❶ 田島公園　段丘面の証拠

国道275号を通り、沼田市街に入ります。JR留萌(るもい)本線を過ぎて、国道が左に曲がるところに田島公園があります。車を駐車場に入れて、公園の奥に行ってみましょう。

公園の東から南東の縁(へり)は崖になっていて、たいへん見晴らしがよく、公園がまわりの水田より一段高い平坦地にあることがわかります。この平坦地は水田からの比高が5～6mあり、崖は沼田市街の東を縁取(ふちど)るように続いています。崖の南には雨竜川(うりゅうがわ)が流れているので、この平坦地は雨竜川によってつくられた河成段丘*の段丘面*である可能性があります。公園内でその証拠を探してみましょう。

河成段丘面は、川が流れていた当時の河原なので、川が運んだれき*が堆積しているはずです。公園内の芝生がない地面には、角が丸くなったれきがいたるところで見られます。大きさも不ぞろいで川が運んできたものに違いありません。この公園は、平坦な段丘面をそのまま利用して造られたと考えられます。

▲公園内の地面に見られる段丘れき

JR留萌本線を境として北東側の沼田市街と水田は、この段丘面上にあります。JR石狩沼田駅を市街地から見ると、少し高い所にあるのは、段丘面上の縁に沿って線路が通っているからです。

❷ 高穂　雨竜川河床の貝化石

国道275号を少しもどり、秩父別(ちっぷべつ)方面を示す標識で左折します。線路の手前で斜め左の細い道に入り、1.2km進みます。途中の高穂(たかほ)二号橋付近からは、①地点の段丘崖*が続いているようすが見られます。

道が左折するところで、そのまま直進して農道に入り車を止めます。ここからさらに200mほど進み、排水路(はいすいろ)に突き当たったところで右に曲がり、川に向かって100mほど歩きます。気をつけながら少しやぶの斜面を下りていくと、雨竜川の河原に出ることができます。

▲高穂二号橋から見た河成段丘崖

ここでは長靴が必要です。河床がとてもすべりやすいので気をつけましょう。川の方へは絶対に近づかないでください。

河床に下りてみると、全面に地層が現れています。河原のれきのようなものはほとんど見当たりません。この地層は、約500万～300万年前の海底に堆積した幌加尾白利加層(ほろかおしらりかそう)で、おもに青灰色～灰色の砂岩＊からなります。地層は下流に向かってゆるく傾斜しているので、下流に行くほど上の地層を見ていることになります。沼田市街周辺は河川堆積物からなる平坦な土地ですが、その下には、この地層が広がっているのです。

▲貝化石が点在する雨竜川河床

河床を歩くと、白い貝化石が埋まっていることに気づきます。幌加尾白利加層は、鮮新世を代表するたくさんの貝化石を産出することで知られています。その中でもとくに有名なのがタカハシホタテです。現在のホタテ貝とは違い、殻が厚く、しかも片方の殻が大きく湾曲(わんきょく)して盛り上がっているのです。貝化石は、地層全体に散らばっているのではなく、河床に帯状(おびじょう)につながっています。これを化石層＊といいます。化石層ごとにふくまれる貝化石の種類は少しずつ違っており、二枚貝が多い層、巻貝がふくまれている層、タカハシホタテが多い層など色々です。くわしい調査では40種類ほどの貝化石が見つかっており、大部分は寒流が流れる冷たい海に生息していた種類と考えられています。貝化石ばかりでなく、砂の表面に太い筋(すじ)状の曲がった模様も見つかります。これは生痕化石＊というもので、海底に穴を掘って生活したり、海底をはいながら移動した動物の跡が地層の表面に現れたものです。

さらにこの河床からは、当時の海を泳いでいたクジラやセイウチの骨の化石も多数見つかっています。骨の化石は木の枝や棒のように見えるかもしれません。貝殻以外のものを見つけたら要注意です。大発見につながるかも知れません。

▲河床のタカハシホタテの化石

▲地層表面の生痕化石

❸ 恵比島　河床に広がる化石の宝庫

来た道を戻り、沼田市街北西の恵比島（えびしま）まで行きます。車から川は見えませんが、水田の中に続く木々の連なりの下に幌新太刀別川（ほろにたちべつがわ）が流れています。

河床に下りてみると、川の水が引いているときには、河床全面に幌加尾白利加層が現れています。地層は下流にゆるく傾斜しながら、南の五ヶ山（ごかやま）橋まで約3kmも連続露出（ろしゅつ）しています。

▲地層が連続露出する幌新太刀別川

この地点では、②地点よりも化石層がはっきりしており、河岸の崖の面には化石層が何層も現れています。化石採取をするときには、崖の面で目的の貝化石の多い化石層を見つけて、それを下流側に追い、河床に現れているところで掘りやすい状態のものを探すとよいでしょう。貝殻がどれくらいの範囲に埋まっているかを予想し、それよりも少し外側をたがねなどで少しずつ掘り進めて慎重（しんちょう）に取り出してください。これらの貝化石は、約500万年という気の遠くなるような時間を経てきたものです。掘りだした化石は、たとえ少し欠けたり割れたりしていても、大切に保存しましょう。

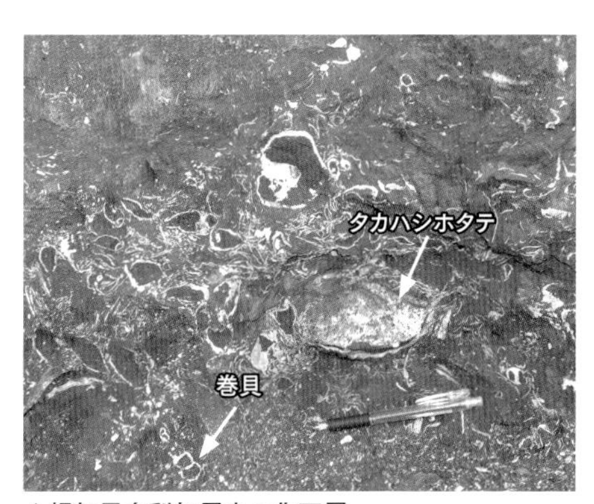

▲幌加尾白利加層中の化石層

化石層に現れている貝化石の断面をよく見ると、殻が離れてばらばらになっているものもあれば、二枚の殻がしっかり合わさったままの状態のものもあります。このことから、これらの貝殻が堆積した場所は、貝が多く生息する浅い海で、波や

沼田町の幌新太刀別川で産出する化石は町の文化財に指定されているため、個人が勝手に掘ることはできません。化石を発掘するには、沼田町化石体験館が主催する化石採集会に参加を申し込んでください。研究目的の場合は問合せをしてください。くわしくは次の「沼田町化石館」のホームページを見てください。
http://numata-kaseki.sakura.ne.jp/

水流の影響でたくさんの貝殻が寄せ集められやすい場所だったと考えられます。タカハシホタテは、おわんを伏せたように堆積しているものが多いようです。この状態の方が水流の影響をあまり受けずに安定するからでしょう。

▲タカハシホタテの左殻（左）と右殻（右）。殻は別個体のもの。右殻の左側の耳の部分は欠けている

幌新太刀別川では、タカハシホタテばかりに目を奪われてはいけません。河床からはこれまでにクジラ、カイギュウ、セイウチなどの海生哺乳類（ほにゅうるい）の化石が数多く発見されています。1985(昭和60)年にこの河床で発見されたイルカの全身骨格は、くわしい研究で新属・新種であることがわかり、ヌマタネズミイルカ*と命名されて、北海道指定の天然記念物にもなりました。

沼田町は、研究者たちから“進化の実験室”とも呼ばれるほど多くの化石が産出する地域です。1個の化石の発見が、これまでの定説をくつがえすような研究の発展につながることもしばしばでした。私たちでも、運が良ければ、骨の化石やこれまでにまだ発見されていない生物の化石を見つけることができるかもしれません。沼田は一人一人がじっくりと化石に向き合えるからこそ“化石王国”なのです。

豆知識

●化石からわかるタカハシホタテの生態

タカハシホタテ*は、どのような姿で海底にいたのでしょうか。

タカハシホタテのふくらんだ右殻の表面は、比較的きれいなものが多いのに対し、平らな左殻の表面には、他の生物が食べたり寄生（きせい）していた跡の穴や溝（みぞ）がたくさんあるものが多く見られます。このことから、タカハシホタテは右殻を下にして砂の中に埋もれ、左殻は海底面と同じか、それより少し上に出していたと推定することができます。左殻についたフジツボが、まっすぐ上にのびている化石があることも、このことを裏付けています。

▲垂直な崖面で右殻を下にしているタカハシホタテ

ここもおすすめ!

沖里河山山頂

場所 **深川市南東、沖里河山**

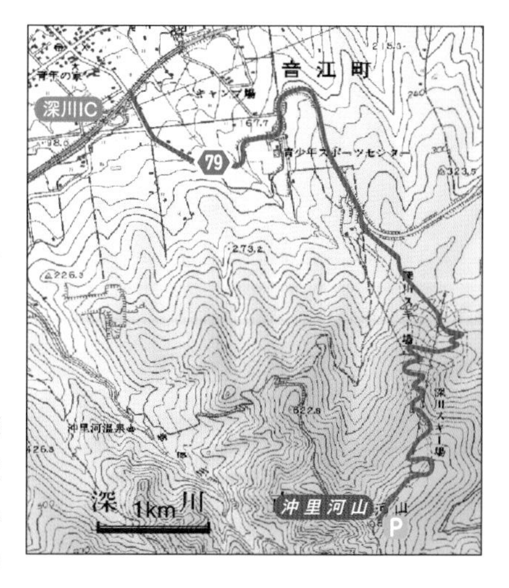

道央自動車道の深川ICから、道道79号を道なりに進んでいくと、右手に「イルムケップ･スカイライン」の標識があります。ここから砂利道の林道を上ると、標高802mの沖里河山(おきりかわやま)山頂のすぐ下まで車で行くことができます。駐車場から階段を上がると頂上の展望台です。

ここからはすばらしい景色が望めます。眼下の広大な平野は、神居古潭(かむいこたん)の峡谷(きょうこく)を抜けた石狩川がつくった石狩平野です。平野の右側はそのいちばん北部にあたります。平野のまわりを山地や丘陵がとりまいているようすがよくわかります。

足もとには灰色の安山岩*が現れています。じつは、沖里河山は溶岩(ようがん)*を流していた火山です。沖里河山は、浸食が進んだイルムケップ山の山頂のひとつで、イルムケップ山は第四紀の初頭、約250万年前に活動していた火山なのです。山を下りてから、イルムケップ山の全体をながめてみましょう。広い裾野(すその)をもった火山の姿を想像できるでしょう。

▲沖里河山山頂からの展望(部分)

1億5千万 1億 5千万 年前

先白亜紀	白亜紀	古第三紀	新第三紀	第四紀

ホロピリ湖周辺　沼田の化石と古第三紀層

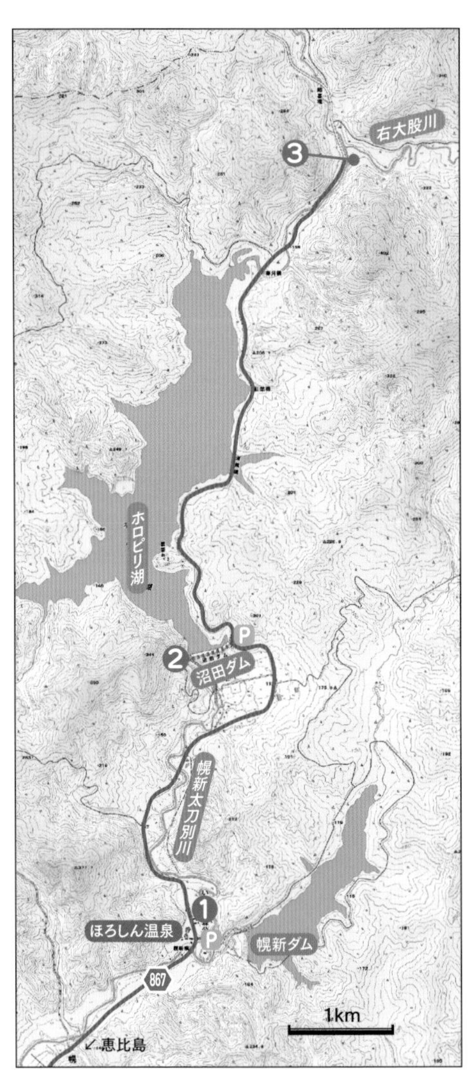

ルート 沼田市街
↓道道867号
❶Ⓟ沼田町化石体験館
↓
Ⓟ沼田ダム
↓　└→❷ダムサイト
❸右大股川合流点

みどころ ホロピリ湖は、幌新太刀別川の上流に1992年に造られた沼田ダムのダム湖です。湖の周辺には、「沼田」コースで紹介した地層よりもさらに古い時代の地層が分布しており、ここでも数多くの化石が産出しています。

沼田町で産出した化石は、ほろしん温泉の向かいにある沼田町化石体験館に展示、保存されています。北海道天然記念物に指定されたヌマタネズミイルカ*や新属•新種と認定されたヌマタナガスクジラ*などの復元全身骨格は必見です。タカハシホタテ*の生態も多くの標本から学ぶことができます。

幌新太刀別川の上流には、古第三紀*始新世*の地層(約4000万年前ころ)が見られ、石炭のうすい層も観察することができます。また同時代の地層からは、アミノドン*(サイの仲間)の化石も発見されました。沼田は“進化の実験室”ともいわれており、これからも新たな化石の発見が期待されています。

▲沼田町化石体験館の外観

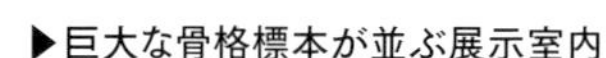

▶巨大な骨格標本が並ぶ展示室内

❶ 沼田町化石体験館　充実した海生動物の骨格展示

沼田市街を通り、恵比島で右折して道道867号に入りほろしん温泉へ向かいます。まずホテルの向かい側にある沼田町化石体験館を見学しましょう。（体験館は有料です。）

体験館の中に入ると、大きな動物化石の全身骨格標本が並んでおり、その迫力に圧倒されます。これらはすべて、沼田町で全身骨格やその一部が発見された海生の動物たちです。ヌマタネズミイルカやヌマタカイギュウ、ヌマタナガスクジラは発見地にちなんだ名前がつけられた標本で、これらは地元の沼田町レプリカ工房で作製された精巧なものです。沼田町北部の山地には、「沼田」コース（☞p.70）より古い新生代古第三紀や中生代*白亜紀*の地層が分布しており、そこからはアミノドン、クビナガリュウ*、モササウルス*などの化石も発見されています。展示を見ながら、沼田町で産出する化石を頭に入れておきましょう。

体験館では、本物そっくりの化石レプリカ作りや、小さい子どもでも化石発掘が体験できるコーナーも設けられています。

❷ 沼田ダムサイト

道道867号を先に進むと沼田ダムがあります。ダムサイトの駐車場から、ダムの上を歩いて右岸の崖まで行きます。

ダムの堤体の湖側には、れき*がぎっしりとしきつめられており、沼田ダムがロックフィルダム*であることがわかります。

▲沼田ダムとホロピリ湖

ホロピリ湖の水は、深川市や北空知の町の水道水、農業用水として使われています。

右岸の大きな崖には金網がはられており、草木もかなり生えていますが、ところどころに地層の岩石が見えます。岩石をたたいてみると、褐灰色のとても硬い砂岩*です。この地層は幌沖内層と呼ばれ、幌新太刀別川の下流に分布する幌加尾白利加層よりもかなり古い中新世*前期(2300万～1600万年前ころ)のものと考えられています。

▲幌沖内層の砂岩層　（スケールは1m）

沼田ダムは、このような硬い地層が現れている比較的谷の狭い部分を利用して造られているのです。なお、沼田ダムができたことにより、留萌炭田の中心的な炭鉱だった浅野炭鉱*の街が、ホロピリ湖の底に沈んでいます。

❸ 右大股川合流点　古第三紀の切り立った地層

ダムサイトの駐車場から約5.5km進むと、宝沢橋という古い橋があります。そこからさらに600m行くと、左の空き地に入る道があります。この空き地は、1969(昭和44)年に廃鉱となった太刀別炭鉱の選炭場があった場所で、列車に石炭を積む施設の遺構があります。道道を横切って河原に下りてみましょう。

▲挟炭層をふくむイタラカオマップ層

対岸には、約60°で下流に傾斜する地層が連続しています。この地層はイタラカオマップ層といい、②地点の幌沖内層よりさらに古い古第三紀始新世後期(約4100万～3400万年前)の地層とされています。渇水期には長靴で川を渡ることができるので地層を直接観察しましょう。

▲砂岩層にふくまれる植物片化石

地層は砂岩と泥岩*の互層*ですが、ところどころに黒っぽい挟炭層*があります。挟炭層は細かく割れやすく、炭化した植物片が密に堆積しているようすがわかります。植物がもっと厚く堆積し加圧・変質が進むと石炭層として掘り出せるものになります。1960年代まで雨竜・沼田地域には多くの炭鉱がありましたが、それらは始新世に堆積した地層中の石炭層を掘り出していたのです。

▲河原のれき。蛇紋岩(左)とチャート(右)

イタラカオマップ層が分布する別の地点からは、サイの仲間のアミノドンの歯の化石が見つかっています。骨や歯など、見慣れない化石が見つかるかもしれないので注意しましょう。

川の右岸にはいろいろな種類のれきが見られ、石の観察には最適です。もっとも多いのは、幌新太刀別川の流域に分布する地層の砂岩や泥岩のれきですが、このほかに蛇紋岩*、玄武岩*、微閃緑岩*、チャート*、珪岩*などが見つかります。蛇紋岩や微閃緑岩は、この地点のすぐ上流で合流している右大股川の上流部から運ばれてきたものでしょう。石炭のれきが多く散らばっていることがありますが、ここから250m上流に石炭のズリ山*の一部が川岸に出ており、そこから流れてきたものです。

1億5千万	1億	5千万	年前

先白亜紀 | 白亜紀 | 古第三紀 | 新第三紀 | 第四紀

尾白利加川　海の時代を語る地層

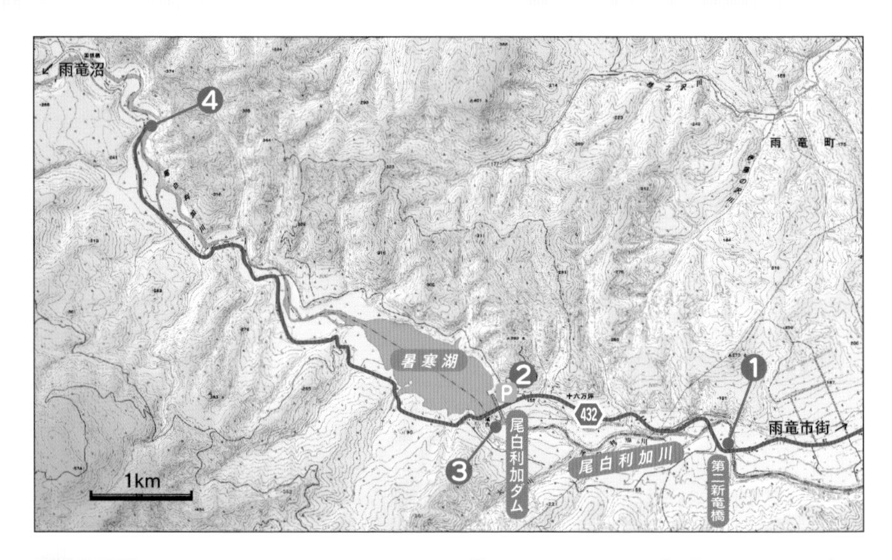

ルート　雨竜市街 → 道道432号 → ❶第二新竜橋 → ❷Ⓟ尾白利加ダム → ❸尾白利加ダム下 → ❹大露頭

みどころ　尾白利加川（おしらりかがわ）は南暑寒岳（みなみしょかんだけ）を源流として、雨竜市街の南で石狩川に合流する、約36kmの長さの川です。この川は北の雨竜町と南の新十津川（しんとつかわ）町の町境になっています。渇水期には、いたるところで河床に露頭*が現れ、地層観察には絶好の地域となります。

このコースで見られる地層は、新生代新第三紀*の中新世*（約2300万～533万年前）から鮮新世*（約533万～258万年前）の海底に堆積した地層で、上流に向かうほど古い地層を見ることができます。地層をじっくり観察しながら、地層の広がりを体感し、当時の海底のようすを想像してみましょう。

❶ 第二新竜橋　階段状の地層

雨竜市街から道道432号を8kmほど進むと、尾白利加川にかかる第二新竜橋があります。橋の上から川の上流を見ると、河

河床の地層の観察には長靴が最適です。河床にはすべりやすいところや深みがあるので十分に気をつけましょう。

▲第二新竜橋から見た上流の河床の地層

床には300m以上にわたって幌加尾白利加層と呼ばれる鮮新世の地層が現れています。遠くに見える崖の上部は、幌加尾白利加層をおおう一の沢層の凝灰岩*層です。

河床の地層は川の流れと直交するように横に広がっています。この地層の広がりの方向を走向*といいます。川は地層の走向と直角か、または平行に流れることが多いのです。

橋の右岸側から河床に下りてみましょう。地層は灰色をした細粒の砂岩*です。地層の層理面*がはっきりしている部分で走向と傾斜を測ってみると、走向はほぼ東西で、約20°で北に傾斜しています。このように地層の走向と傾斜を測ることは、地質調査ではとても大切な作業です（☞p.84豆知識「地層の走向と傾斜」参照）。

橋から少し上流では、細かく成層した砂岩層があり、その中には、真っ黒なスコリア*層がはさまっています。さらに上流にいくと、地層中に炭化した木片が多く交じっているところもあります。地層のようすを細かく観察することで、地層が堆積したときの状況の変化を知ることができるのです。

❷ 尾白利加ダム　農業用水専用のダム

▲放水路に水があふれる暑寒湖と恵岱岳

ダム手前の右側にきれいな公園があります。ここからダム湖の暑寒湖を見てみましょう。雪解け水などで満水になると、あふれた水は放水路に流れ出すようになっています。

取水塔から取り入れられた水は、用水路で運ばれ、雨竜町の農業用水として使われます。毎年9月には、湖の水をすべて抜く放水が行われます。暑寒湖の向こうには、平らな山頂をもつ恵岱岳が見えます。

注意

6月初旬までは、ダムの手前で通行止めになっています。

❸ 尾白利加ダム下　幌加尾白利加層の最下部

ダムの上を通りぬけた右側に駐車スペースがあります。ダムの上を110mもどり、下流側についている階段を下ります。ダムの斜面はびっしりと巨れき＊でおおわれています。尾白利加ダムは、岩盤となる地層の上に土石を積み上げて造られているのです。

▲ダム下の河床に広がる幌加尾白利加層

ダム下の河床は、水が引くと全面露頭になります。この地点の地層も幌加尾白利加層ですが、ここはその最下部にあたります。ちょうどダムが造られているところから、幌加尾白利加層の下にある増毛層の砂岩層に移り変わっています。増毛層は幌加尾白利加層よりも地層が硬いため、そこにダムが造られたのでしょう。

河床に下りてみましょう。塊状の砂岩層ですが、層理面を探して測定すると、走向は北から少し東よりで、20°で東に傾斜しています。つまり、上流ほど下の地層が現れていることになります。河床には硬いコンクリーション＊が点在し、走向とほぼ平行に並んでいるものもあります。

▲河床に並ぶコンクリーション

▲河床にできたポットホール　（スケールは1m）

河床のところどころにポットホール*（甌穴）と呼ばれるきれいな円形のくぼみがあり、中には数個の円れきが入っています。河床のくぼみに入ったれきが、水流でくぼみの中を転がりながら穴を大きくしていったものです。しかし、ダム下でれきを転がすほどの水流があるのでしょうか。これには、毎年秋に行われるダムの水抜きが関係していると思われます。ダムからの大量の放水で一定の強い水流が河床を洗うので、穴が成長するのでしょう。

❹ 大露頭　海底に厚く堆積した砂岩層

道なりに約5km進むと、対岸にとても大きな崖が見えてきます。左カーブの手前右に車の待避所があり、そこからやぶの中の踏み分け道を行くと、河原に出ることができます。

対岸は比高100mにもなる大露頭です。ここに現れている何層もの地層は、増毛層の砂岩層です。地層から突き出ているレンズ状の大きなかたまりは、コンクリーションです。

▲増毛層の砂岩層からなる大露頭

増毛層は、海底のやや深いところで、砂や泥が厚く堆積してできた地層です。その上位の幌加尾白利加層はタカハシホタテ*の化石を産出するように、やや浅い海底に堆積したと考えられます。その後、近くの浅海あるいは陸上で火山活動が活発になり、主に火山噴出物からなる一の沢層がさらに堆積しました。尾白利加川沿いに見られる地層は、約2000万年の間に、この地域がしだいにやや深い海底から隆起*してきたことを示しているのです。

豆知識

●地層の走向と傾斜

地質調査では、露頭＊に地層が現れていると、必ずクリノメーターという器具を用いて地層の走向＊と傾斜を測ります。地層は一定の広がりをもつ面と考えられます。その地層が水平面と交わる方向を走向といい、北から何度、東または西にずれているか角度で表わします。傾斜は地層の傾きのことで、走向と直角の方向で、どの方角に向かって何度で傾いているかを表します。

クリノメーターの使い方は、下の写真のようにします。オリエンテーリング用のコンパスでも代用できますが、クリノメーターは東と西の表示が普通の方位(ほうい)磁針(じしん)とは逆になっていることに注意してください。傾斜はクリノメーターの内側の目盛を読み取ります。四角い小箱に分度器をつけて、中心から重りを下げたものでも代用できます。

走向と傾斜を測ることによって、地層が連続している場所を予測したり、方向や角度の変化によって地層の褶曲(しゅうきょく)＊や断層(だんそう)＊の存在などを知ることができるのです。

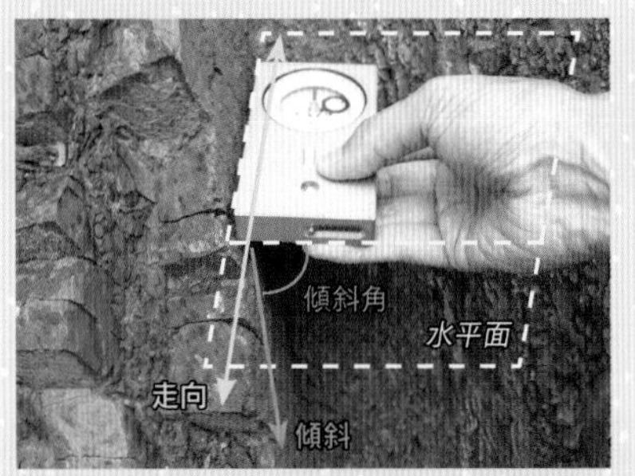

①クリノメーターの長辺を水平に層理面＊にあてる。

②真上から方位磁針を見て、走向を測る。

③クリノメーターの長辺を層理面の傾斜方向にあてる。

④内側の目盛で傾斜角を測る。

⑤もう一度クリノメーターを水平にし、傾斜の方向を実際の方位で確かめる。この地層は東に傾斜している。

【測定結果】この地層の走向・傾斜は下のように表します。

N14°E（走向）, **70°E**（傾斜）

地形図上に表すときは偏角(へんかく)＊の補正が必要なので、走向はN23°Eとなります。

雨竜沼湿原　溶岩台地に広がる高層湿原

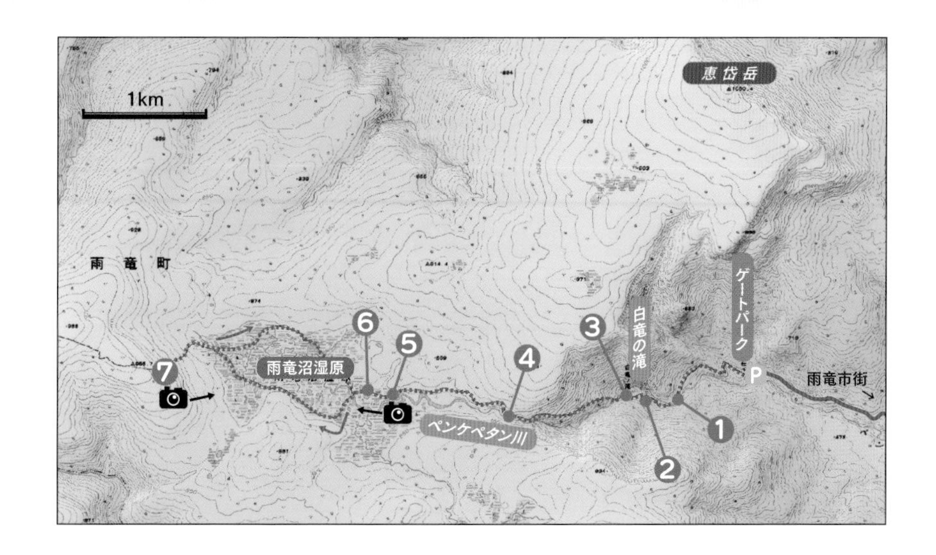

ルート 道道432号 → P ゲートパーク —(10分)→ ❶渓谷第一吊橋 —(8分)→ ❷白竜の滝手前 —(7分)→ ❸白竜の滝 —(55分)→ ❹ペンケペタン川河床 → —(27分)→ ❺湿原テラス —(4分)→ ❻池塘 —(60分)→ ❼湿原展望台

みどころ 尾白利加川の支流のペンケペタン川の上流には、有名な雨竜沼湿原があります。標高850mの台地に広がる約100ｈａの湿原は、道内最大級の山地湿原です。湿原内には大小百数十個の池塘＊があり、春から秋にかけて豊富な水生植物や湿原性植物が訪れる人たちの目を楽しませています。

雨竜沼湿原は独特の景観と豊富で多様な植物相が見られることから、1964（昭和39）年に北海道指定天然記念物に、2005年にはラムサール条約湿地に登録されており、地元の愛好家たちの活動により厳重に管理されています。

登山道沿いの滝や露頭＊では、湿原の下にある地質を観察でき、それが湿原の形成に重要な役割をしていることが理解できます。

ゲートパークからの登山道が開かれているのは、7月～10月中旬に限られます。事前に情報を調べておきましょう。

▲岩脈が突き出た丸山と絶壁をつくる溶岩

❶ 渓谷第一吊橋　岩脈と溶岩の山

休日には、2カ所の広い駐車場が満車になるほど多くの人が湿原を訪れます。管理棟で入山届を書いて環境美化等協力金を払い、作業道を進みます。

ペンケペタン川にかかる渓谷(けいこく)第一吊橋(つりはし)を渡ってから、後ろをふり返ってみましょう。切り立った崖の山が並んでいます。左手前の山は“丸山”と呼ばれており、地下から上がってきた玄武岩＊の岩脈(がんみゃく)＊が浸食にたえて突き出ているもので、やや左下がりの柱状節理(ちゅうじょうせつり)＊が見られます。右後ろの山は、恵岱岳の南東斜面で、標高1000mのところから崩落(ほうらく)により絶壁(ぜっぺき)になっている部分です。こちらは、恵岱岳付近から鮮新世＊末から更新世(こうしんせい)＊にかけて噴出した玄武岩の溶岩＊で、横に広がった溶岩が冷えて、垂直な柱状節理が発達しています。二つの山のでき方の違いは、柱状節理の方向からもわかるのです。

❷ 白竜の滝手前　雨竜沼湿原の土台となる地質

白竜(はくりゅう)の滝の手前で、谷の対岸に河床からの比高が100mほどもある大きな露頭が現れます。この露頭で、雨竜沼湿原の下にある地質の大部分を見ることができます。露頭下部で西に約20°で傾いている地層は凝灰質(ぎょうかいしつ)の粗粒(そりゅう)な砂岩＊や

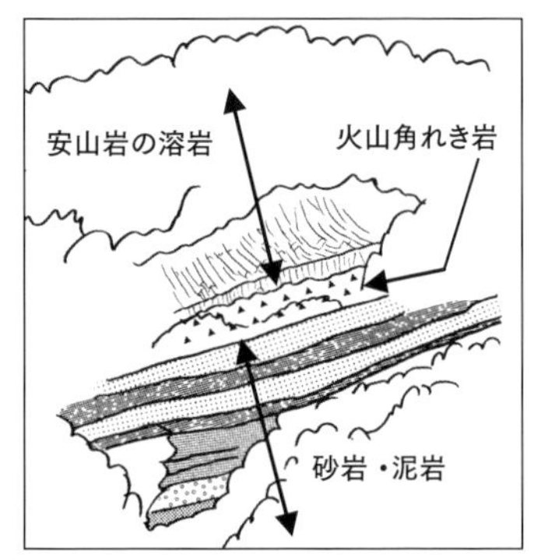

▲白竜の滝手前の大露頭とスケッチ（右）

泥岩＊です。その上に火山角れき岩＊の層をはさんで安山岩＊の溶岩が重なっています。この溶岩は恵岱岳付近から噴出したもので、よく見ると柱状節理が二段になっているので、何枚かの溶岩が流れたのではないかと考えられます。さらに奥の山の露頭には、①地点でも見られた玄武岩の溶岩が現れており、安山岩の溶岩を広くおおって台地を形成しています。この玄武岩の溶岩が雨竜沼湿原の直接の受け皿のような役目をしているのです。

❸ 白竜の滝　玄武岩の岩脈から流れ落ちる滝

登山道から、対岸の黒っぽい崖を流れ落ちる白竜の滝を見ることができます。落差は13mほどです。崖の岩石は、①地点で見た丸山をつくっている玄武岩の岩脈の続きです。崖の面をよく見ると、岩石が四角形や五角形のモザイク状に重なっています。これは、岩脈が冷えて固まるときにできた柱状節理が水平方向に発達していて、その断面を見ているからです。

▲白竜の滝をつくる岩脈と地層の接触部

滝の右の方を見ると、岩脈と地層が接している部分がわかります。地層の接触（せっしょく）部が赤茶色になっているのは、岩脈が地層をつらぬいてきたときに、地層が岩脈の熱で焼かれたためと思われます。

❹ ペンケペタン川河床　溶岩の上を流れる川

登山道が平坦になると、溶岩の上に出たことになります。登山道がペンケペタン川のすぐわきを通っているところで、河原に下りてみましょう。まわりの岩石は、すべて玄武岩の溶岩です。石の表面は鉄分が酸化して茶色くなっています

▲河床に現れている玄武岩溶岩

▲湿原テラスからの雨竜沼湿原の展望

が、割ってみると灰色の緻密な岩石で、輝石*や斜長石*のほかに、オリーブ色をしたかんらん石*の結晶が入っていることがわかります。この溶岩が雨竜沼湿原の下に広がっていることを思い出しながら湿原を散策しましょう。

❺ 湿原テラス　雨竜沼湿原の地形

丸太で組まれたテラスに上がると、雨竜沼湿原の広大な景色を望めます。ここが標高850mの山地であることを忘れてしまいそうです。湿原の奥には、南暑寒岳と暑寒別岳が並んで見えます。湿原は南暑寒岳の東の裾野に位置していることがわかります。

湿原は平坦に見えますが、気をつけて見ると、南側と北側が少し高くなっており、中央のくぼんだところが湿原になっています。このような地形ができたのには理由があります。玄武岩の溶岩が噴出し広い台地を形成したときは、台地はほぼ水平だったと考えられます。その後、恵岱岳のあたりが隆起*を始め、台地の北東部が少し高くなりました。それに加えて南暑寒岳の活動が始まり、台地の南西部を噴出物がおおっていったのです。南暑寒岳からの土砂は東に向かって堆積し、恵岱岳の南西にお皿状の地形ができあがりました。玄武岩でできている台地は水を通しにくく、このような地形には水がたまりやすくなります。こうして広大な湿原の“受け皿”ができたと考えられるのです。

❻ 池塘　きれいな円形と浮島の成因

高層湿原*にある円形〜亜円形の湖沼を池塘といいます。湿原テラスから先に進むと、木道が三つの池塘の間を通っているところがあります。左側の池塘は

▲きれいな円形をした池塘

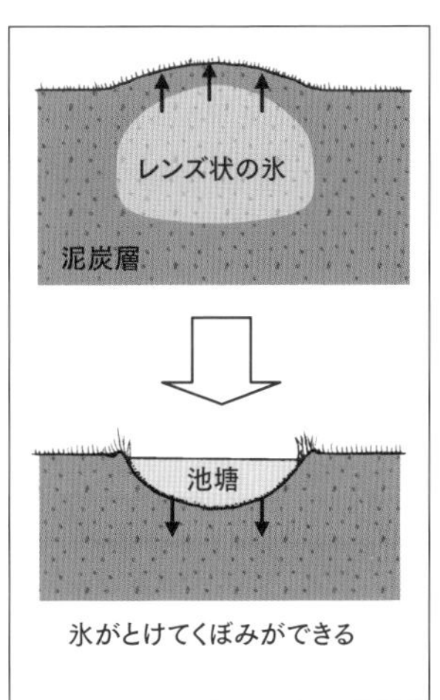

▶円形の池塘のでき方

特に大きく、直径50mほどのきれいな円形をしています。雨竜沼湿原は、他の湿原ではあまり見られない、このような円形の池塘が多いことが特徴です。

円形の池塘ができた理由には、過去の気候変動がかかわっているようです。約1万年前まで続いた氷河時代の寒冷な時期（氷期）には、水を多くふくんでいる湿原の泥炭（でいたん）*層には永久凍土（えいきゅうとうど）*ができていたと考えられます。泥炭層にできた氷のレンズ状のかたまりは地表を盛り上げていたはずです。気候が温暖になると地中の氷は解けて、盛り上がっていた地表はくぼ地になります。そこに水がたまると円形の池となるのです。池の周囲には湿原の植物により泥炭が形成されていきますが、池の形は円形のまま保たれることになります。円形の池塘は、氷河時代の名残ともいえるものなのです。

木道の両側にある池塘を少し離れたところから見てみましょう。となり合った池塘でも水面の高さに1m近くもの差があります。これは、池塘どうしの地下での水の移動がほとんどないことを意味しています。池塘の水は、雨や雪解け水のみで供給され、水面からの蒸発とのバランスで水位が保たれているだけなのです。

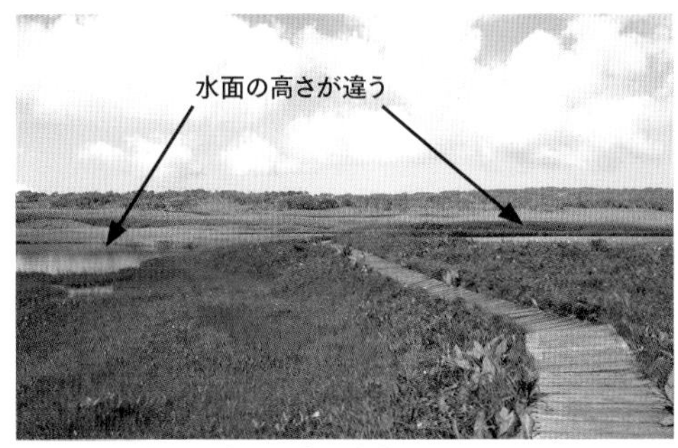

▲水面の高さが違う池塘

▲池塘の中の浮島

▲湿原展望台から見た雨竜沼湿原の全景

雨竜沼湿原には、円形ばかりではなく、複雑な形をした池塘もたくさんあります。そのような池塘の中には、小さな島が見られます。水面に浮かんでいるように見えるので浮島（うきしま）と呼んでいます。しかし、泥炭のかたまりが本当に水面に浮いて浮島となっているものは少なく、多くは池塘の中の高まりの部分が、冬に水面をただよう氷などよって削られ、岸から離れたものではないかと考えられています。このような浮島は、池の底で泥炭がつながっているので、水面を動くことはありません。

⑦ 湿原展望台　雨竜沼湿原の全景

⑥地点から先は、木道が二手にわかれて一方通行になっています。湿原を一周する細い木道は約3kmあり、池塘や草花をゆっくり見ていると1～2時間かかります。時間と体力に余裕があるときは、いちばん奥の湿原展望台まで行ってみましょう。

この展望台は、南暑寒岳に向かう登山道の途中にあります。湿原からは約50mの高さがあり、雨竜沼湿原の全体を見渡すことができます。遠くに見えるゆるやかな山頂の山が恵岱岳です。そこからのびるなだらかな斜面がお皿状の地形をつくり、低いところが湿原となっていることがよくわかります。湿原の縁はチシマザサに取り囲まれており、それより標高が高いところはダケカンバの林になるという植生の変化も見て取れます。

約300万年前の溶岩の台地が、現在の湿原となるまでの自然の移り変わりを思い描きながら、下山しましょう。

第4章

美瑛 富良野

美瑛
富良野
白金温泉
十勝岳
原始ヶ原

美瑛　火砕流堆積物でできた丘陵地

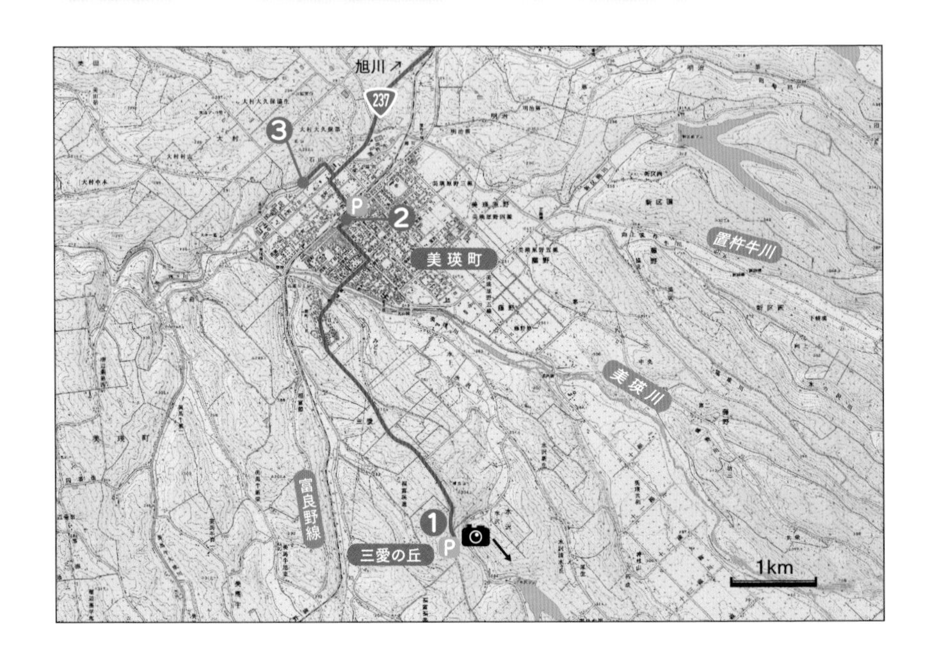

ルート　国道237号 → ❶ Ⓟ 三愛の丘 → ❷ Ⓟ 道の駅びえい「丘のくら」→
→(10分)→ 本通り　　　　↳ ❸ 採石場跡

みどころ 美瑛(びえい)の街は、ゆるやかな丘陵地(きゅうりょうち)の中に美瑛川や置杵牛川(おききにうしがわ)がつくった平坦地(へいたんち)に広がっています。街の周囲にはのどかな丘が続いており、この風景を求めて多くの観光客が訪れています。丘に広がる畑や色とりどりの花を見ているだけで北海道の自然を満喫(まんきつ)することができ、とても気持ち良くなりますが、観光客とは少し違う視点で、丘の地質にも目を向けてみましょう。美瑛の丘の大部分は、約210万年前に現在の十勝岳(とかちだけ)付近で起きた大規模な噴火で噴出した火砕流(かさいりゅう)＊堆積物でできています。厚く堆積した火砕流堆積物が、長い年月の間に浸食され、うねうねと続く丘陵地となったのです。火砕流堆積物が溶結(ようけつ)＊した部分は石材として利用されており、採石場の跡は数少ない露頭(ろとう)＊のひとつとなっています。

▲三愛の丘から見た十勝岳連峰とその裾野から続く丘陵地

❶ 三愛の丘　美瑛の丘の展望 解説板

美瑛町には、いくつかの見晴らしの良い丘がありますが、街の南にある三愛の丘へ行ってみましょう。ここからはどの方向を見ても、ゆるやかな丘陵地が続いています。晴れた日には、南東の方角に十勝岳連峰が見え、その裾野から丘陵地が広がっています。くわしい研究によると、この広大な丘陵地をつくっているのは、主に美瑛火砕流堆積物と呼ばれる火山灰*とされています。この火山灰は、約210万年前に現在の十勝岳の付近で起きた大規模な火山噴火で噴出した火砕流が堆積したものです。火砕流は地表を高速で流れる噴煙で、美瑛町付近は厚さ100m以上の火山灰で埋めつくされたと考えられます。その後、風雨や河川などによる浸食が進み、現在のような丘陵地となったのです。十勝岳連峰をつくる多くの火山は、この火砕流噴火よりも150万年以上あとの火山活動でできた山々です。

道路横の畑の土の表面を注意して見てください。ガラスのかけらのように見える石英*の結晶がたくさんあります。美瑛火砕流堆積物はもともと石英を多くふくんでおり、火山灰が風化*しても、風化に強い石英の粒が土の中に残っているのです。丘に広がる畑には、この風化した火山灰の土壌と起伏のある丘の地形に適した作物が植えられています。

▲畑の土にふくまれている石英の結晶

❷ 道の駅びえい「丘のくら」　美瑛軟石で造られた倉庫

▲道の駅びえい「丘のくら」の外観

JR美瑛駅の近くにある道の駅びえい「丘のくら」へ行ってみましょう。この道の駅は、肌色（はだいろ）をした石造りの建物です。建物の裏側に回ってみると、壁に「協同組合農業倉庫」と書かれた跡が残っているので、もとは倉庫として利用されていたのでしょう。壁の石をよく観察してみましょう。つぶれた軽石（かるいし）*や小さな岩片（がんぺん）*が火山灰で固められていることから、溶結凝灰岩（ようけつぎょうかいがん）*であることがわかります。平らにみがかれた面を見ると、岩石のつくりがよくわかります。この石材は美瑛軟石（なんせき）*と呼ばれており、厚く堆積した美瑛火砕流堆積物が溶結*し、溶結凝灰岩となった部分が利用されています。

▲美瑛軟石で統一された街並み

現在、採石場は姿を消してしまいましたが、美瑛の街の発展を支えた美瑛軟石は、街づくりに再利用されています。JR線と平行にのびる本通りに出てみましょう。約1kmにわたって、道の両側に並ぶほとんどの建物の腰の部分に、2〜3段の美瑛軟石が使われています。このように統一感をもたせることでとても美しい街並み（まちなみ）が出来上がり、美瑛軟石でできた建物が並んでいた昔のおもかげを残すことができたのです。

JR美瑛駅の駅舎も美瑛軟石でできていますから、時間があれば行ってみましょう。

❸ 採石場跡　美瑛火砕流堆積物の強溶結

国道237号に出て、ガソリンスタンドの手前で左折し、小さな石切橋を渡って左へ400m行くと、採石場跡があります。夏は草木におおわれているので、観察

▲美瑛軟石の採石場跡。太い柱状節理が並ぶ美瑛火砕流堆積物の強溶結部

は春先か秋の落葉シーズンがよいでしょう。

この採石場跡では、美瑛火砕流堆積物が強溶結(きょう)しているようすを観察できます。露頭に近づいてみると、高さ15m以上の垂直な壁になっています。よく見ると、太さが4m以上もある柱状節理(ちゅうじょうせつり)＊が並んでいます。崖(がけ)の上部には板状節理(ばんじょうせつり)＊の部分もあり、落石の危険があるので十分に注意しましょう。節理＊面には、ところどころにドリルで掘られた穴の跡があるので、ここで採石が行われていたことがわかります。

平らな節理面を注意深く観察すると、溶結するときに水平につぶれた軽石がたくさん見られます。岩石の中には、大粒の石英や黒雲母(くろうんも)＊の結晶が入っています。柱と柱の間の節理面には、1〜2cmのすき間があり、溶結状態の火砕流が冷え固まるときに体積の収縮(しゅうしゅく)があったことを示していると考えられます。

美瑛町役場の向かいにある丘のまち郷土学館「美宙(みそら)」には、美瑛の大地の成り立ちや美瑛軟石の採石場の写真などの展示資料がありますから、時間があれば寄ってみましょう。

富良野　活断層でできた盆地と火砕流台地

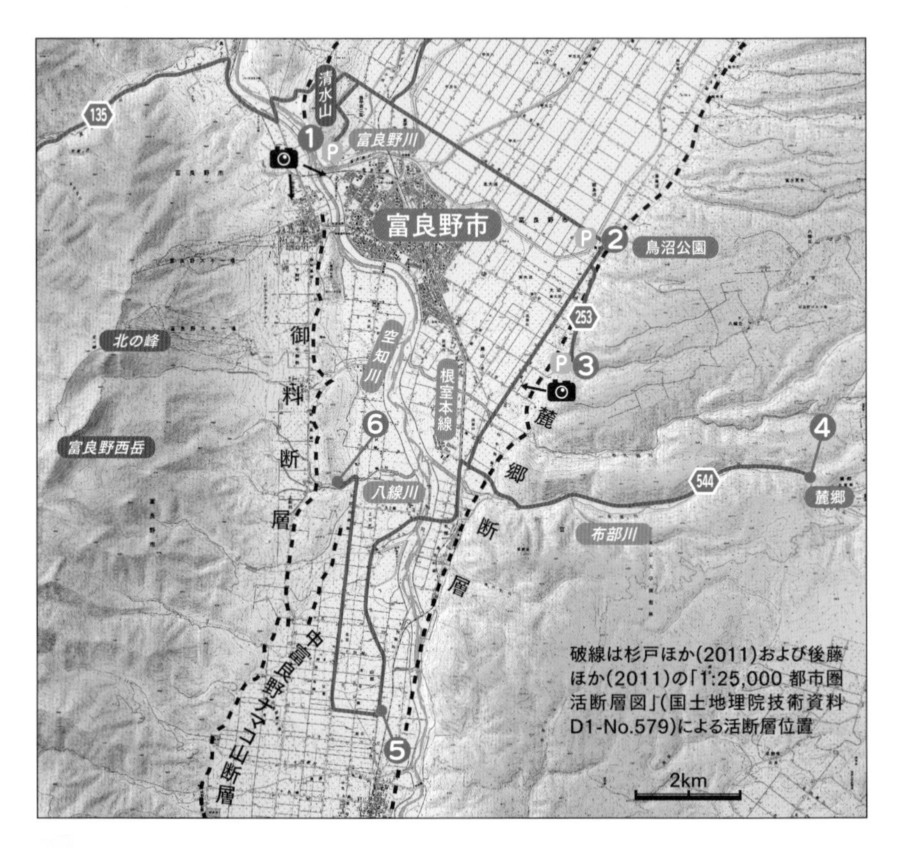

ルート　道道135号 → ❶P ワインハウス → ❷P 鳥沼公園 → ❸P ハートヒルパーク → ❹布部川 → ❺16線バス停 → ❻八線川土取場

みどころ　ラベンダー畑で有名な富良野(ふらの)には、年間100万人もの観光客が訪れるそうです。広々とした丘陵につくられた花畑は私たちの目を楽しませてくれますが、花畑の下の地質はどのようになっているのか、なぜここが丘陵地帯なのか、富良野の自然を別の視点で見ていきましょう。富良野盆地が南北に細長い理由も、大地にはたらく大きな力が関係しており、盆地全体の地形観察や露頭*のようすから確かめていくことができます。

▲ワインハウス駐車場からの展望。火砕流台地が富良野盆地の東に広がる

❶ ワインハウス　富良野盆地の展望

富良野川をはさんで富良野市街の北西にある清水山に向かい、道路のいちばん奥にあるワインハウスの駐車場まで行きましょう。ここからは富良野盆地の東側を一望することができます。晴れた日には、左手に十勝岳連峰が見え、盆地との間に平らな台地が広がっているようすがわかります。盆地に近い台地の標高は400m前後で、盆地からは約200mの高さがあります。この台地をつくっているのは、100万年以上も前に、現在の十勝岳連峰の周辺で起こったと考えられている大規模な火砕流*噴火で堆積した火山灰*です。当時は富良野地域全体が厚い火山灰でおおわれていたことになります。

盆地と台地の境目はほぼ直線状になっていますが、この地下には活断層(かつだんそう)*があると考えられています。断層*の東側がもち上がり、盆地側が沈降(ちんこう)するという動きをしており、これまでに500m以上ずれていると推定されています。沈降する盆地の内部は、河川の堆積物で厚くおおわれています。

ワインハウスの前を通り抜けて南側の柵(さく)のところまで行ってみましょう。右側に見える北の峰からのびる裾野を追っていくと、空知川の手前で、ぽっこりとした丘になっています。この丘は朝日ヶ丘公園になっています。なぜ山の裾野の先端部がもり上がっているのでしょうか。

じつは、この丘の右側にも活断層があると考えられています。長い年月の間に断層がずれて地面が隆起(りゅうき)*し、丘に

▲活断層で地面が隆起してできた丘

なっているのです。この活断層は、空知川を越えて、こちらの清水山までのびています。

▲鳥沼公園の崖の下にある湧出口

▲沼底から湧き上がる水でできた波紋

❷ 鳥沼公園　湧水でできた沼

清水山を下りて北三号をまっすぐ南東に進み、火砕流台地の縁(へり)まで行くと鳥沼公園があります。駐車場に車を止め、道路を渡って公園内に入ると、きれいな水をたたえた鳥沼があります。沼の水がどこから来ているか確かめてみましょう。

鳥沼を一周すると、沼の東側は台地の縁の急な崖になっています。そのいちばん北東に丸太でできた壁があり、壁の下から水が流れ出ています。水面をよく観察すると、水は崖に近い沼底からも湧出(ゆうしゅつ)していることがわかります。鳥沼が火砕流台地の縁のすぐ下に位置していることから、沼の水は台地にしみ込んだ水が、その末端(まったん)で地表に出てきたものと考えられます。火山灰層を通って湧出している水はたいへんきれいで、鳥沼の集落の簡易水道に利用されています。

❸ ハートヒルパーク　富良野盆地の西に連なる“ナマコ山”

鳥沼公園の駐車場から東九線を南西へ500m進んだところで左折し、道道253号に入ります。約2km行くと、右手にハートヒルパークという駐車公園があります。

ここからは、富良野盆地の西側を一望することができます。ちょうど①地点とは反対の方向を見ていることになります。盆地の向こうには、夕張山地の北部にあたる芦別岳(あしべつだけ)から富良野西岳までの山々が連なり、すばらしい景色が望めます。盆地と山々の境目をよく見てください。盆地の縁に沿って、南北に細長く丘が連なっています。この丘は“ナマコ山”と呼ばれており、①地点で観察した朝日ヶ丘公園のある丘は、細長い“ナマコ山”を北から見ていたのです。“ナマコ山”は、西側を御料(ごりょう)断層、東側を中富良野(なかふらの)ナマコ山断層という地下にある二つの活断

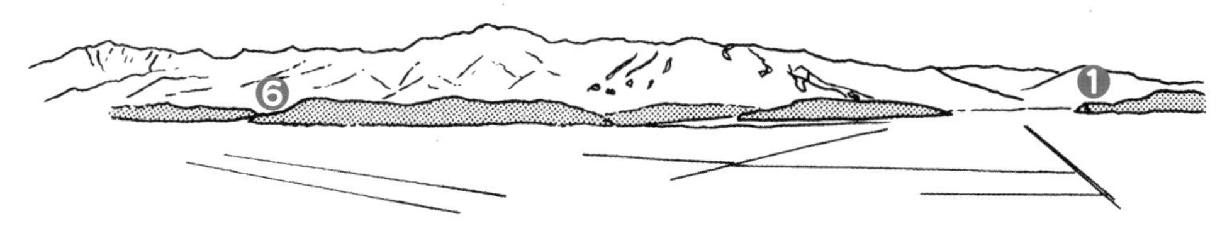

▲ハートヒルパークからの富良野盆地西側の展望とそのスケッチ
網掛けの部分は活断層によって隆起した丘、数字は観察地点の位置を示す

層で区切られています。大地に働く大きな力によって断層に沿って地層がずれ動き、その結果、地層が傾きながら隆起して丘になっているのです。南北に細長い富良野盆地は、東も西も断層で区切られた特別なつくりをしているといえます。

❹ 布部川　溶結した十勝火砕流堆積物

東九線にもどって南西へ4.6km進み、麓郷の森を示す標識のある交差点で左折し道道544号に入ります。道なりに約7.4km行くと、大きく道路が右カーブする手前に、金網のかかった露頭があります。車を路肩(ろかた)に止めることになるので気をつけてください。

▲溶結している十勝火砕流堆積物

ここで見られるのは、富良野盆地の東に広がる台地をつくっている十勝火砕流堆積物です。火砕流堆積物は噴火によって地表を流れてきた火山灰などが堆積したものですが、この台地では厚さが200mを超えており、火山灰は強く溶結＊して溶結凝灰岩＊になっています。「開拓三十周年記念」とほられた平らな節理＊面を注意して見ると、扁平(へんぺい)につぶれた軽石＊がたくさん入っています。これは、

火山灰が溶結するときに軽石も熱で柔らかくなり、重力によりつぶれたものです。転石(てんせき)＊を割ってみましょう。ややピンクがかったガラスのかけらのように見える石英＊がたくさん入っています。黒く点々と見える有色鉱物(ゆうしょくこうぶつ)＊は、黒雲母＊がいちばん多いようです。露頭の表面からななめに割れ目が入っていますが、これは風化＊によってできた割れ目で、溶結凝灰岩によく見られる柱状節理＊や板状節理＊ではありません。道路のすぐわきを流れている布部川(ぬのべがわ)の河床(かしょう)にも溶結した十勝火砕流堆積物が現れています。

❺ 16線バス停　野沢鉱山跡のズリ山＊

来た道をもどり、JR根室本線を渡って国道に出ます。約6km南へ進んだ16線バス停のあたりから東を見ると、灰色の山肌が広がっています。ここはかつて蛇紋岩(じゃもんがん)＊中の石綿(いしわた)＊を露天掘(ろてんぼ)りしていた野沢鉱山があった場所で、国内では最大規模の石綿鉱山でした。採掘(さいくつ)で出てきたズリは現在も大量に残されており、それが灰色に見えているのです。石綿は健康被害をもたらすので、飛散(ひさん)防止のための緑化事業が進められているようですが、蛇紋岩の地表には、なかなか植生が回復しないようです。

▲バス停から見える野沢鉱山跡のズリ山

❻ 八線川土取場　“ナマコ山”の断面

十六線または十五線を西に進み、五区山部線に出たら右折します。北へ約4km進んで八線川を渡ったら、すぐに左折し坂道を上っていくと、右手に大きな露頭が見えてきます。ゲート前に車を止めて、露頭まで行きましょう。

この露頭は、③地点でながめた南北にのびる“ナマコ山”をほぼ直角に切っており、“ナマコ山”の断面がみごとに現れています。露頭の左側の節理の発達している地層は、④地点でも見た十勝火砕流堆積物の強溶結部です。そこから右へ行くにしたがって弱溶結(じゃくようけつ)、非溶結(ひようけつ)へと変わっていきます。火砕流堆積物の上には、大きな円れき＊をふくむれき層、ラミナ＊の発達した火山灰層、厚いれき層が順に積み重なっています。ここで見られるれき層は、“ナマコ山”の西にある富良野西岳などの山々から河川により運ばれてきたものと考えられます。れき層にはさまれている火山灰層は、水によって浸食された十勝火砕流堆積物が再び

▲八線川土取場の露頭。 活断層の活動で地層全体が大きく東に傾いている

堆積したものでしょう。

この露頭で特徴的なのは、地層全体が大きく東に傾いていることです。くわしい研究によると、十勝火砕流堆積物は約120万年前に堆積したとされています。すると、このように地層が傾いたのは、それから後ということになります。しかし、約120万年前という最近の地質時代に堆積した地層が、このように大きく傾いている例はあまりありません。

地層が傾いているのは、"ナマコ山"の西側を通る御料断層の活動と深い関係があります。御料断層は、地下深くで大地を東西に圧縮(あっしゅく)する力が働いてできた逆断層(ぎゃくだんそう)*です。十勝火砕流堆積物は、右図のように断層面に沿ってもち上げられ、"ナマコ山"をつくったのです。

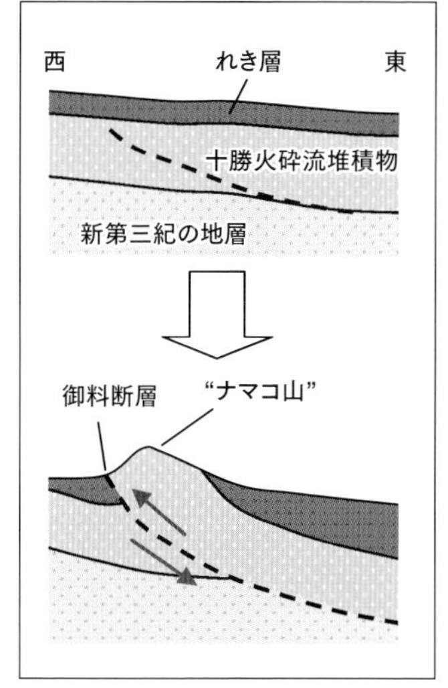

▲活断層の活動でできた"ナマコ山"の模式断面図

時間があれば、もう一度①地点にもどって富良野盆地や火砕流台地をながめてみましょう。約120万年前には、まだ盆地はなく、火砕流堆積物でおおわれた荒涼(こうりょう)とした風景が広がっていたはずです。大地に働く大きな力により活断層が生じ、富良野盆地ができていったのです。のどかな田園風景や色とりどりの花が咲いている丘には、大地の壮大な動きが秘められていることを思い起こしてください。

1億5千万 1億 5千万 年前
先白亜紀 | 白亜紀 | 古第三紀 | 新第三紀 | 第四紀

白金温泉　火砕流台地と火山防災

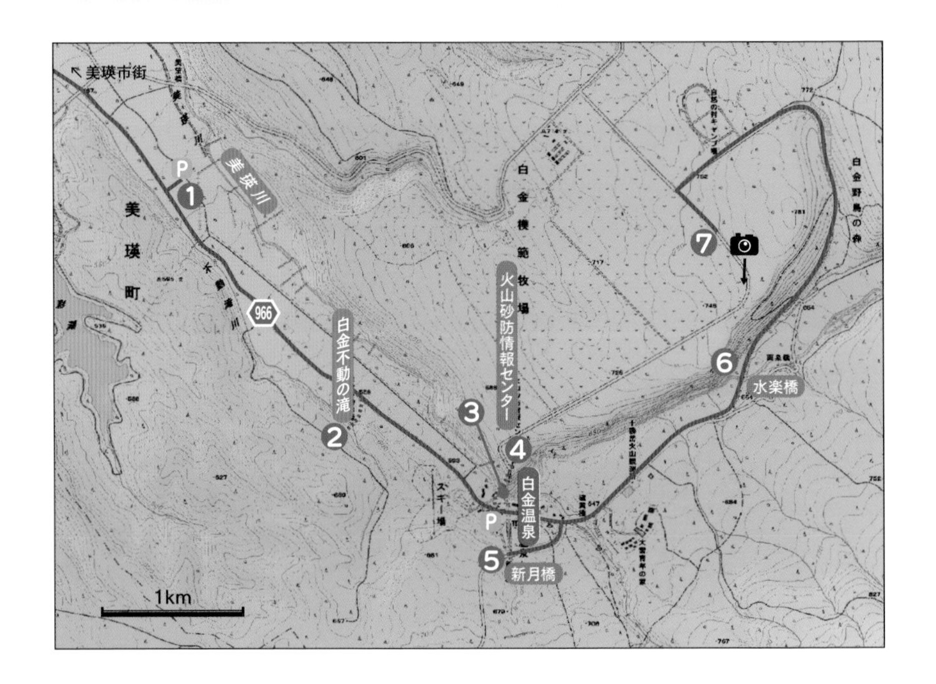

ルート 道道966号 → ❶Ⓟ青い池 → ❷白金不動の滝 →
Ⓟ白金温泉公共駐車場 -(3分)→ ❸白金橋 -(10分)→ ❹火山砂防情報センター
└→ ❺新月橋 → ❻水楽橋 → ❼白金模範牧場

みどころ 白金温泉(しろがねおんせん)は活火山(かつかざん)＊である十勝岳のふもとにある温泉街です。十勝岳連峰をめざす登山客にはおなじみの温泉ですが、最近は、近くにできた“青い池”がたいへん有名になり、大勢の観光客がおしかけています。白金温泉は、台地の縁と、十勝岳から続く山の斜面が接しているところに位置しており、その境目に美瑛川(びえいがわ)が流れ深い谷をつくっています。この地形が何からどのようにできているのか、また活発に活動する十勝岳の噴火に備える防災対策はどのようになっているのか見ていきましょう。

❶ “青い池”　火山防災の副産物

▲立ち枯れの木が水面に並ぶ“青い池”

旭川方面から道道966号を通って白金温泉に向かう途中、温泉の約3km手前の左側に、“青い池”の駐車場があります。駐車場から土手に上がると遊歩道があります。

“青い池”の中には立ち枯れの木の幹が何本も立っており、とても神秘的です。池の中に木が立っているということは、もともと林だったところに水がたまって池ができたということです。池のようすを観察したら、うしろを振り返ってみてください。海岸で見かけるようなコンクリートブロックが積み上げられ、長く続いています。これは1989(平成元)年に美瑛川に造られたえん堤のひとつで、“青い池”は美瑛川の水がえん堤の上流側にたまってできた人工の池なのです。地形図を見ると、美瑛川にはいくつものえん堤があることがわかります。なぜこのように多くのえん堤が造られたのでしょうか。

▲コンクリートブックで造られたえん堤

じつは、これらのえん堤は十勝岳が噴火したときの泥流*災害を防ぐために造られました。1926(大正15)年5月24日に起こった噴火では、十勝岳の中央火口丘が水蒸気爆発*で崩れ、熱い岩屑なだれ*が残雪を解かして大規模な泥流が発生しました。泥流は美瑛川と富良野川に沿って20km以上も流れ下り、ふもとの町まで達して大きな被害を出したのです。同じような噴火が起こったとき、泥流や土石流*の流れをできるだけ弱くし、安全に流すためにたくさんの砂防ダムやえん堤が美瑛川に造られました。美しい“青い池”は防災対策の副産物といえるでしょう。

❷ 白金不動の滝　火砕流堆積物の崖を流れ落ちる滝

▲白金不動の滝

“青い池”から白金温泉に向かう途中に、「不動の滝」バス停があります。ここから滝に通じる道があるのですが、看板はないので注意してください。路肩にある駐車スペースに車を置いて、3分ほど林の中を歩くと、滝が見えてきます。

白金不動の滝は、高さ20mほどの急な斜面をいくつもの段をつくりながら豪快(ごうかい)に流れています。滝のまわりの岩石は全体に灰色で、軽石＊や岩片＊がふくまれている硬い岩石です。石英＊や黒雲母＊の結晶が目立ちます。これは美瑛火砕流＊堆積物と呼ばれる火砕流が溶結＊したものです。白金温泉の北東から北西にかけて広がる台地は、この美瑛火砕流堆積物でできています。美瑛川がその台地を浸食して崖となったところに支流の川が流れ落ちて、このような滝となっているのです。美瑛火砕流堆積物については、「美瑛」のコースを参照してください（☞p.92）。

❸ 白金橋　崖から湧き出す白ひげの滝　解説板

公共駐車場から白金橋まで歩きましょう。橋の上では大勢の観光客が写真をとっています。橋から美瑛川が刻(きざ)んだ谷を見下ろすと、左岸の崖から白(しら)ひげの滝が美瑛川に流れ落ちています。滝の落差は約30mですが、よく見ると、滝の水の大部分は崖の途中から湧き出ていることがわかります。

崖の地質を観察しましょう。崖の上部10mほどは、柱状節理＊が発達する溶(よう)

▲美瑛川に流れ落ちる白ひげの滝

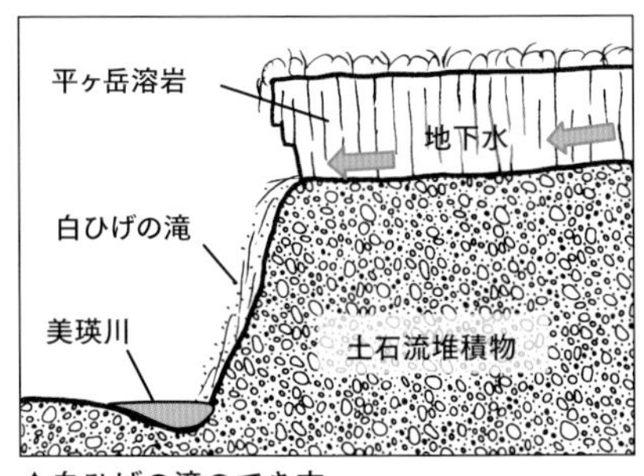

▲白ひげの滝のでき方

岩*です。約17万年前に流れ出た平ヶ岳溶岩と呼ばれています。溶岩の下は30m以上の厚さの丸い巨れき*をふくむ土石流堆積物で、約30万年前のものと考えられています。白ひげの滝は、溶岩にしみ込んだ地下水が、水を通しにくい土石流の上面を流れ、崖となったところで地層の境目から湧き出して滝となっているのです。このようなでき方の滝を潜流瀑*といいます。

美瑛川の水の色に注意してください。滝の水が落ちているところは、水の青みがいっそう増しています。川の水と地下水にふくまれる成分が化学変化を起こし光が散乱しやすくなっているのでしょう。滝の下流側には崖が白くなっている部分があります。ここには、崖の上を流れる尻無沢川の水が流れ落ちており、酸性の水が地層の表面を変質させています。

❹ 十勝岳火山砂防情報センター　十勝岳の監視役

白金橋を渡ったところに、シェルターでおおわれた階段がついています。体力に自信のある人は、ここから40m上まで上ってみましょう。階段を上りきると広く平坦な台地の上に出ます。正面の建物が十勝岳火山砂防情報センターです。

▲十勝岳火山砂防情報センター

この情報センターは1992年10月にオープンし、十勝岳の噴火と火山泥流の発生を集中的に監視し、それらの情報をいち早く地元住民や観光客に伝え、避難できるようにすることを目的として造られました。館内にはシアターや展示室があり、火山防災について楽しく学習することができます。また、ここは十勝岳が噴火したときの避難所としても利用されます。階段をおおっていたシェルターは、この建物まで冬でも安全に避難できるようにつけられたものなのです。

❺ 新月橋　尻無沢川の砂防施設

白金温泉街を過ぎて望岳台へ向かう道へ右折し、尻無沢川にかかる新月橋へ行ってみましょう。橋の上からは、尻無沢川に造られたいくつもの砂防施設を見ることができます。

▲尻無沢川の砂防施設（左：砂防ダム、右：流路工）

橋の上流側には、大きな砂防ダムが見えます。これより上流には透過型ダム*（☞p.108 ここもおすすめ！「富良野川2号透過型ダム」）があり、そこで流れてきた大きな岩塊（がんかい）や流木をとらえ、通過した土砂をこの砂防ダムに堆積させるのです。下流側には、河床や護岸（ごがん）に石がしきつめられた流路工（りゅうろこう）が続いています。砂防ダムを越えてきた泥流の流れを固定して安全に流す働きをします。遠くには、先ほど渡った白金橋や火山砂防情報センターが見えます。

およそ30年周期で噴火をくりかえしている十勝岳には、防災対策が欠かせません。とくに過去に起きた泥流災害をもとにして美瑛川や富良野川には多くの砂防施設が造られていますが、実際にどれだけの効果を発揮するかは未知数（みちすう）です。自然の力は人間の想定をはるかに超える場合があることを忘れてはいけません。

❻ 水楽橋　美瑛火砕流の強溶結

来た道をもどり、T字路を右折してさらに進むと、美瑛川にかかる水楽橋（すいらくはし）があります。ここから川の右岸に見える露頭*を見ましょう。

見た目には柱状節理のある溶岩のようですが、これは②地点でも観察した美瑛火砕流堆積物です。ここの

▲美瑛川右岸の強溶結した火砕流

火砕流はとても強く溶結しており、柱状節理が発達しています。節理*の表面をよく見ると、火山灰*が圧密（あつみつ）を受けて水平方向に筋（すじ）模様ができていることがわかります。

この地点では、美瑛川をはさんで南東側と北西側では地形がまったくことなります。南東側は美瑛岳や美瑛富士から続くなだらかな山の裾野ですが、北西側は比高（ひこう）約100mもある台地の急崖（きゅうがい）になっているのです。この台地をつくっているのが美瑛火砕流堆積物です。十勝岳連峰の火山群の大部分は、この火砕流の上に多くの火砕物（かさいぶつ）や溶岩を噴出させてできているので、美瑛火砕流堆積物は十勝岳連峰の土台ともいえるでしょう。

⑦ 白金模範牧場　十勝岳連峰の一大パノラマ

水楽橋からさらに進むと、道は火砕流台地を上る坂道になります。突き当たりのT字路付近で台地の上に出ます。目の前には広大な牧草地が広がっており、火砕流台地の上面が平坦な地形になっていることがよくわかります。④地点の十勝岳火山砂防情報センターは、この台地上の南端にあります。

T字路を左折して、右手の並木の間から十勝岳の方を見てみましょう。そこからは一列に連なる十勝岳連峰の雄大な景色が望めます。約210万年前に足もとの火砕流台地がつくられてから、この上に火山が位置を変えながら次々と噴火し、一大火山列をつくっていったようすを想像してみてください。

▲白金模範牧場から見える十勝岳連峰

ここもおすすめ！

富良野川2号透過型ダム

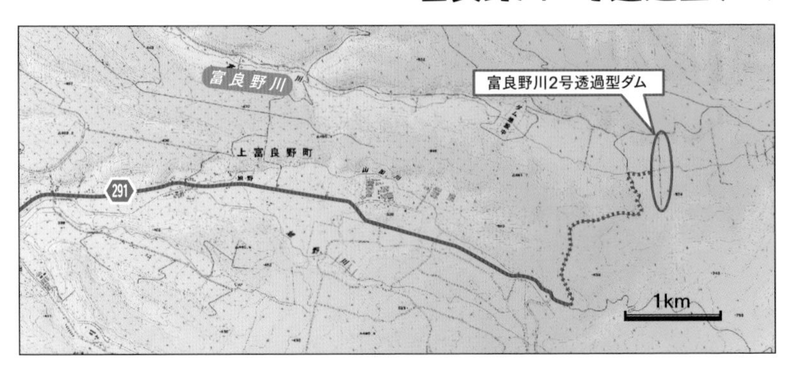

場所 **上富良野町、富良野川上流、フラヌイ林道奥**

上富良野(かみふらの)町の市街地から道道291号を東へ約10km進み、大きく右へカーブするところで左折し、林道に入ります。ゲートからフラヌイ林道を35分ほど歩いて行くと、富良野川に出たところで、上流側に大きな鉄骨でできたダムが見えます。これが世界一の規模を誇る富良野川2号透過型ダム＊です。

富良野川には、いくつもの砂防ダムがありますが、これらはすべて十勝岳の噴火で土石流＊や泥流＊が発生したときに、富良野川の下流にある上富良野や中富良野の町を守るために造られました。

この透過型ダムは、直径60cmの円柱状(えんちゅうじょう)の鉄骨を組んだもので、高さは14.5m、全長は917mもあります。これで大きな岩や流木などを受け止め、土石流や泥流の勢いを弱めて被害を最小限にするのです。

▲鉄骨を組み合わせた透過型ダム

▲2号透過型ダムの全景

十勝岳　間近に見る活火山

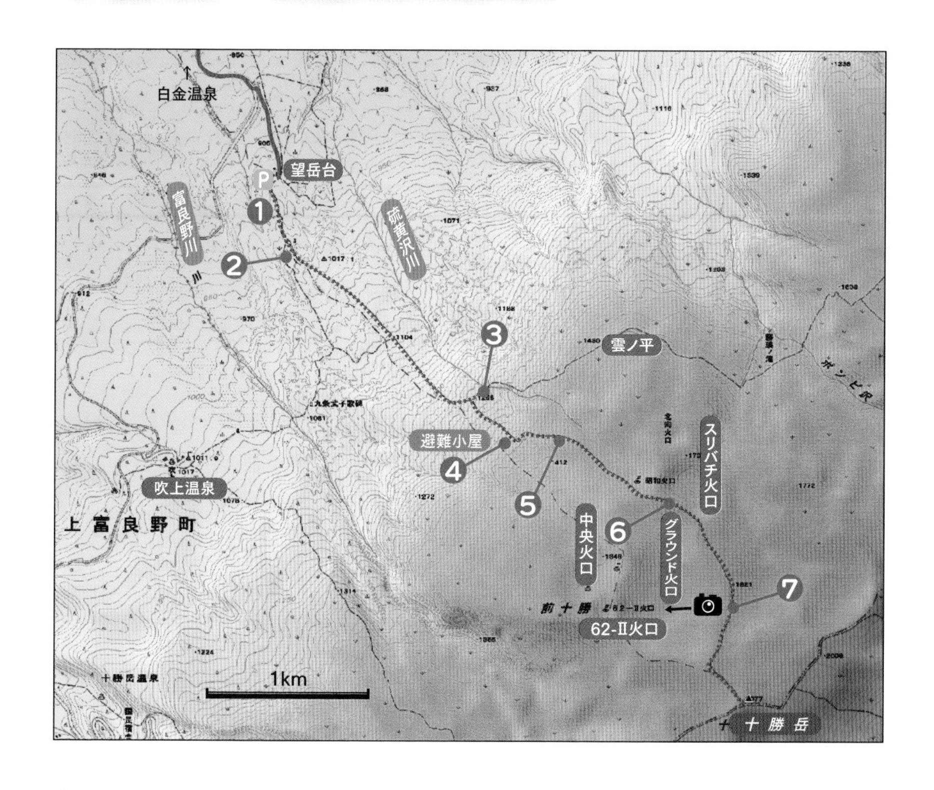

ルート　白金温泉 → ❶Ⓟ望岳台 –(10分)→ ❷望岳台石碑の南 –(40分)→
→ ❸硫黄沢川–(20分)→ ❹避難小屋 –(30分)→ ❺1500m地点 →
–(55分)→ ❻スリバチ火口縁 –(20分)→ ❼グラウンド火口

みどころ 十勝岳は、約30数年ごとに大きな噴火をくり返している活火山*です。最近では1988(昭和63)年に小噴火を起こしました。今でも山頂付近からは白い噴煙が上がっており、火山が生きていることがわかります。十勝岳登山の出発地点となる望岳台から登山道を登っていくと、十勝岳の活発な火山活動によってできた様々な火山地形を間近に見ることができます。噴出物を手に取りながら、火山のスケールの大きさを実感してみましょう。

注意

このコースは、観察時間をふくめると最終地点まで5時間以上かかります。あらかじめ観察地点や時間配分などの計画を立てましょう。山頂まで登る場合は、下山にかかる時間も考えて、観察地点をしぼった方がよいでしょう。
十勝岳は活火山なので、事前に火山情報で活動状況を確かめておきましょう。登山道はほとんどれき地で急斜面の岩場も多く、本格的な登山の装備が必要です。登山道がはっきりしないところもあり、目標を見失いやすいので、天候が悪いときや急変したときは無理をせず引き返しましょう。

❶ 望岳台　十勝岳で見られる火山地形の遠望

望岳台は、十勝岳のふもとの白金温泉から南に約3kmのところにあります。紅葉シーズンには、広い駐車場が満車になります。防災シェルターに入り、入山届を書きましょう。この建物は、十勝岳の突発的な噴火による噴石から身を守るために、2016年に造られた緊急(きんきゅう)避難施設です。

上の駐車場の奥から、十勝岳に向かって続くゆるやかな斜面を登っていきます。晴れた日には、正面に十勝岳がせまって見え、活火山の迫力に感動します。ここからは山頂までの大部分のルートを見渡すことができます。下の写真やスケッチと見比べながら、このあとの観察地点でも出てくる火口や溶岩*の位置と名前を確かめておきましょう。

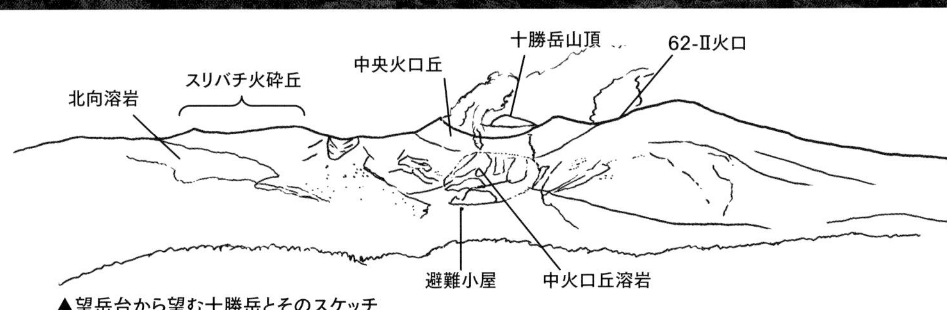

▲望岳台から望む十勝岳とそのスケッチ

▲火砕流の溶結部が露出した登山道

約200m先にある石碑のあたりまで、表面がでこぼこした岩盤のような斜面が続いています。地面をハンマーでたたいてみると、溶岩ではなく、小さな石やスコリア＊、火山灰＊などが固まってできています。これは、約3300年前に十勝岳のグラウンド火口から噴出した火砕流＊堆積物が溶結＊したものと考えられています。表面の柔らかな部分は浸食されてなくなってしまい、溶結した固い部分が地表に露出しているのです。グラウンド火口は、望岳台からは見えないので、あとでくわしく観察しましょう。

❷ 望岳台石碑の南　火砕流堆積物の断面

望岳台石碑を過ぎて250mほど登ると、右手に深さ3mくらいの涸れ沢があります。注意しながらこの小さな谷に下りると、グラウンド火口火砕流堆積物が重なるようすを観察することができます。

いちばん上の地表から1mくらいは火砕流堆積物が溶結している部分です。その下は厚さ約2.5mの黒～暗灰色のがさがさした地層で溶結はしていません。この中の、孔の多い真っ黒な岩石がスコリアです。岩片＊もたくさん入っています。

▲火砕流堆積物が観察できる涸れ沢

▲火砕サージのうすい火山灰層と炭化木片

グラウンド火口火砕流堆積物は、このようなスコリアや岩片が地表を流れ下ったものなのです。灰色のスコリア層のいちばん下には、うすい火山灰層があり、小さな炭化(たんか)木片を多くふくんでいます。これは火砕流が噴出する直前に発生した火砕サージ*噴火による堆積物と考えられます。赤くなっている部分は、高温のために鉄分が酸化したところです。

この火山灰層のさらに下にも、灰白色(かいはくしょく)の土石流*や岩片、軽石*を多くふくむ黄褐色(おうかっしょく)～赤褐色(せきかっしょく)の火砕流堆積物が続いています。くわしい研究では、このような大規模な火砕流噴火は4700～3300年前ころに起こったと考えられています。十勝岳は、このころから現在まで続く噴火活動を始めたのです。

❸ 雲ノ平分岐　溶岩の断面

しばらく登山道に沿って登っていくと、雲ノ平分岐(くものだいらぶんき)があります。雲ノ平方面に向かって5分ほど進むと、硫黄沢川(いおうざわがわ)を渡る手前で地表に現れている溶岩を見ることができます。この溶岩は約300年前に中央火口丘から流れ出たもので、川沿いに20mほど細長く露出しています。

▲中央火口丘から流れ出た溶岩の断面

川側の斜面では溶岩の断面をくわしく観察することができます。溶岩の厚さは3～4mで、中央の緻密(ちみつ)な部分の上と下にがさがさした部分があり、サンドイッチのようなつくりになっています。溶岩が地表面を流れるとき、上部と下部は急に冷やされて殻(から)ができますが、溶岩の内部はまだ流れているために殻がこわされ、がさがさの溶岩の破片となるのです。このようなつくりは、玄武岩(げんぶがん)*質の溶岩でよく見られます。

溶岩を手に取ってみましょう。全体的に真っ黒ですが、よく見ると黒い輝石(きせき)*の結晶がたくさん入っています。緻密に見えた部分でも、ガスが抜けた小さな孔がたくさんあいています。

❹ 避難小屋　中央火口丘溶岩

▲避難小屋から見える中央火口丘溶岩

雲ノ平分岐にもどり、避難小屋まで登ってひと休みしましょう。

ここからは、中央火口丘が低くなっている部分に、③地点でも観察した中央火口丘溶岩を見ることができます。溶岩が流れたときにできたしわ模様がはっきり見えます。

避難小屋のまわりの斜面を見ると、全体的にやや灰色をしていることに気づきます。これは1926(大正15)年の噴火で中央火口丘が崩壊（ほうかい）して発生した岩屑なだれ＊堆積物の一部で、中央火口丘溶岩をうすくおおっており、今ではこの周辺から中央火口丘の縁（ふち）にかけての範囲にしか残っていません。この岩屑なだれは、発生とともに残雪をとかして大規模な泥流＊となり、美瑛川と富良野川に沿って流れ下ってふもとの街にまで達し、144名もの死者･行方不明者を出しました。これが“大正泥流（たいしょうでいりゅう）＊”と呼ばれるものです。

❺ 1500m地点　平ヶ岳溶岩と北向溶岩

▲斜面に露出する平ヶ岳溶岩

避難小屋を出ると、正面に溶岩の断面が続いて見えます。これは17万年前に噴出した平ヶ岳（たいらがだけ）溶岩で、十勝岳の北西側と南東側をおおう大規模な溶岩流です。これまでに見てきたグラウンド火口火砕流堆積物や中央火口丘溶岩は、平ヶ岳溶岩の一部をおおっているにすぎません。

登山道は、平ヶ岳溶岩の急斜面を登るようについています。溶岩の上は大きな岩塊が散らばるグラウンド火口火砕流におおわれています。ここをしばらく登ると、左手にがさがさした黒っぽい溶岩が見えてきます。これは北向（きたむき）溶岩と呼ばれる溶岩流で、1000年前よりは新しい時代に北向火口（☞p.116参照）から流れ出したものです。表面ががさがさしているのは、③地点で観察した中央火口丘溶岩と同じですが、ところどころで岩が飛び出ています。溶岩が流れ出たときに、表面が固まってできたうすい殻を破って、内部の溶岩が押し出されると、このようなつくりができるのです。

▲表面ががさがさしている北向溶岩

⑥ スリバチ火口縁　スコリアでできた火砕丘とグラウンド火口

スリバチ火口が近づいてくると、真っ黒なスコリアのれき＊でしきつめられた斜面となります。標高1700mを超えると登山道は平坦になり、一気に視界が開けます。左手には、直径約400mの大きなすり鉢（ばち）のような形をした火口を見わたすことができます。これがスリバチ火口で、1000年前より少し古い時代にできたと考えられています。火口からはスコリアや火山弾（かざんだん）＊、火山灰などが噴き上げられ、それらが火口のまわりに降り積もって、火砕丘（かさいきゅう）＊という小型の山体をつくっています。登山道や足もとにあるスコリアのれきは、スリバチ火口から噴出したもの

▲スリバチ火砕丘のスリバチ火口

▲⑥地点から見たグラウンド火口

だったのです。

スリバチ火口の東側の火口壁(かこうへき)には、3枚の溶岩のような層が見られます。これは、堆積したスコリア層などが、高温のために溶結してできたものです。

スリバチ火口の縁から南側へ振り返ってみましょう。十勝岳の山頂の下に大きなくぼ地が続いています。このくぼ地がグラウンド火口で、①地点と②地点で観察した火砕流堆積物を噴出した火口です。火口は円形ではなく、二つの大きな火口が合わさって、こちらの登山道に向かって谷が開けています。山頂のすぐ下の火口壁には、柱状節理*が発達した溶岩が露出しています。これも平ヶ岳溶岩で、古い溶岩を吹き飛ばして火口ができたことがわかります。

グラウンド火口内は、活動中の62-II火口が近いことや、風向きによっては火山ガスがたまる危険があるので、火口内に入ってはいけません。

⑦ グラウンド火口　巨大な火山弾

なだらかな砂れき地を進み1830m地点まで来ると、大きな二つの火口が合わさったグラウンド火口の全体がよく見わたせます。ここからは見えませんが、グラウンド火口の向こう側で白煙を上げているのは62-II火口です。

▲グラウンド火口内に散らばる火山弾（望遠レンズ使用）

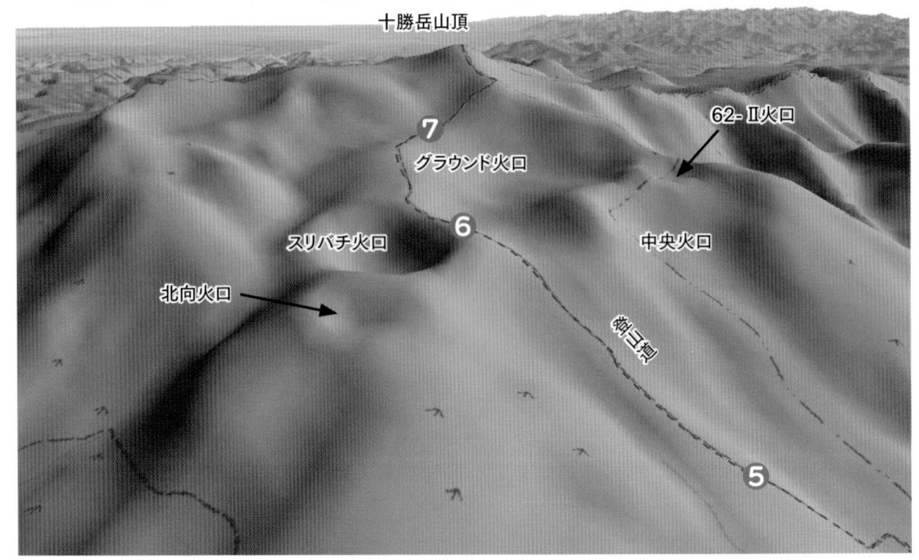

▲北北西から見た十勝岳山頂付近の鳥瞰図（観察地点と火口の位置を示す）

正面の火口壁の近くの地面を注意して見てください。黒い大きな岩塊が散らばっています。これは、1988−89年噴火のときに、62-Ⅱ火口から飛び散ったマグマ＊が、グラウンド火口内に落ちて冷え固まった火山弾です。大きなものは、直径5mを超えます。

火山地形と噴出物の観察はここまでです。これまでに見てきた火口の位置関係を上の鳥瞰図（ちょうかんず）＊で整理しておきましょう。十勝岳の山頂をめざすときは、この先の急斜面を1時間ほど登ることになります。天気が良くて、体力がある人は挑戦してみてください。山頂部は、約3万年前に噴出した灰色の安山岩（あんざんがん）＊溶岩でできています。

このコースで解説してきた噴出物や火口の形成年代などは、専門家によるくわしい調査研究によるものです。何層もの噴出物や溶岩などの重なり方を細かく調べ、炭化物を見つけて放射性（ほうしゃせい）年代＊を測定するなどの地道な研究が、十勝岳の過去の火山活動を明らかにしていったのです。十勝岳は今後も活発に活動することが予想されます。十勝岳のように活火山の過去の活動を知ることは、火山と共生していくために必要な防災にも大きく役立っています。

下山するときは、来た道をそのまま引き返します。すべらないように足もとに注意しながら下りてください。

原始ヶ原　十勝岳連峰の溶岩と湿原

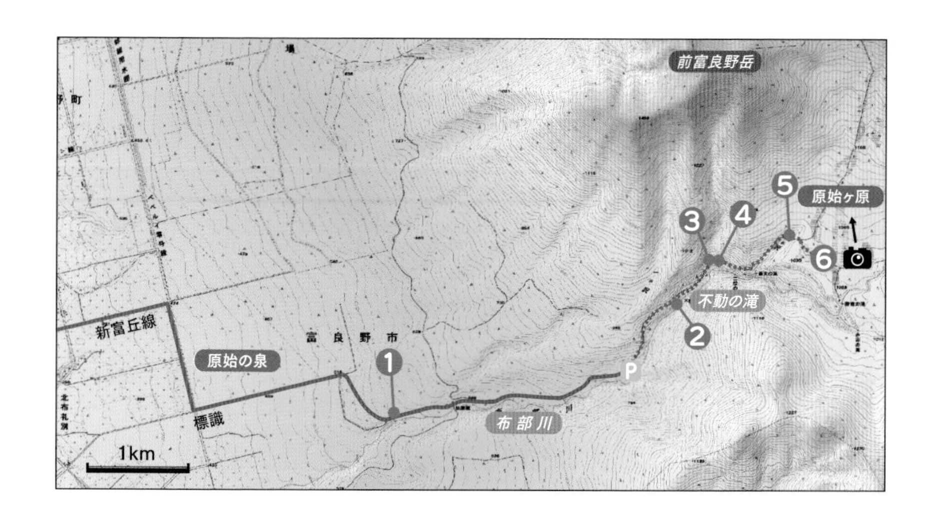

ルート　富良野市鳥沼公園の交差点から北東に1.7km 進み、右折して新富丘線へ。8.2km 進み、突き当たりを右折して1.2kmで原始ヶ原の標識。

原始ヶ原標識 → ❶ 砂防ダム横 → Ⓟ 富良野岳登山道入口 ―(35分)→
❷ 不動の滝 ―(25分)→ ❸ 涸れ沢 ―(5分)→ ❹ 天使の泉 ―(20分)→
❺ 広原の滝 ―(18分)→ ❻ 原始ヶ原

みどころ　富良野市にある前富良野岳は、十勝岳連峰の中でも比較的古い火山です。山体はかなり浸食が進んでなだらかな山容をしていますが、布部川（ぬのべがわ）沿いの登山道では、流れ出た溶岩＊をいたるところで見ることができます。布部川にあるいくつもの滝は、これらの溶岩を流れ落ちるようにできたものです。溶岩流の表面の地形はなだらかな傾斜地となっており、標高1000m以上で大きな湿原（しつげん）を形成しています。原始ヶ原（げんしがはら）は富良野岳への登山コースの途中にありますが、休日でも訪れる人は少なく、原始ヶ原まで行くだけで、登山、滝めぐり、川渡り、湿原散策のすべてを楽しむことができます。人がほとんどいない静寂（せいじゃく）の中で、大自然を満喫しましょう。

❶ 砂防ダム横　川に沿う溶岩流

▲原始ヶ原溶岩の露頭

原始ヶ原の標識からは細い砂利道になります。しばらく進むと、右手に布部川の河原と、砂防ダムが見えるところがあります。ここで道路の左側の崖を見てください。

大きな岩が草の間から見えています。これは原始ヶ原溶岩と呼ばれる溶岩流の一部で、布部川の林道沿いに細長く分布しています。くわしい研究によると、約10万年前に火山の山腹から流れ出たものとされていますが、ほかの堆積物におおわれているため噴出源は不明です。石はとても硬く、割ってみると小さな白い斜長石(しゃちょうせき)*の結晶がかなりつまっており、その中に輝石*の大きな結晶が点々と入っています。見た目には安山岩*のようですが、化学成分を調べた結果によると玄武岩*質の岩石です。

❷ 不動の滝　溶岩の崖を流れ落ちる滝

布礼別(ふれべつ)林道の終点には広い駐車スペースと管理棟があり、ここから富良野岳への登山道となります。入口を入ってすぐに滝コースへの分かれ道がありますが、通行止めです。林間コースの坂道を上がってください。30分ほど歩くと、右側に「不動の滝」の標識があります。急な斜面を5分ほど下ると、上流に豪快に水が流れ落ちる不動の滝が見えます。落差は8mほどです。

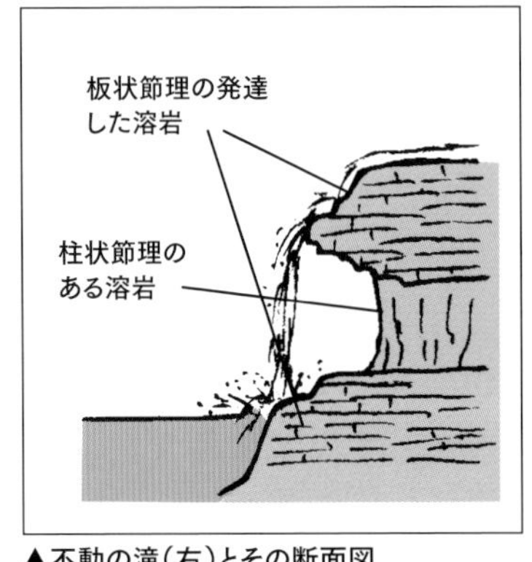

▲不動の滝（右）とその断面図

滝のまわりの岩盤に注目しましょう。洞穴(ほらあな)のように大きくえぐられている部分があります。その上下の岩盤には板状節理*が発達しています。えぐられている部分にも柱状節理*があります。節理*の入り方で浸食のされ方が違うのでしょう。足もとの岩石を割ってみると、斜長石や輝石の結晶が目立つ灰色の安山岩です。不動の滝は安山岩の溶岩を削って滝となっているようです。くわしい調査では、これらの溶岩は前富良野岳から30万〜23万年前に噴出したとされています。前富良野岳が何度も噴出した溶岩の断面を滝の崖で見ているのです。

❸ 涸れ沢　前富良野岳の溶岩岩塊

再び登山道にもどり先に進むと、涸れ沢を横切るところがあります。涸れ沢には大きな岩塊が連なり、細い谷を埋めています。これらの岩塊は、前富良野岳をつくっている溶岩が崩れ落ちたものです。大雨や雪解けのときだけ沢に水が流れ、岩塊の表面を丸く削っていきます。

▲涸れ沢を埋める岩塊

岩石を割ってみましょう。①地点の原始ヶ原溶岩と似ていますが、白色の小さな斜長石の結晶が石基(せっき)*に散らばり、さらに5mmほどもある大きな輝石の結晶が目立つ特徴的なつくりをしています。この岩石は、玄武岩と安山岩の中間の岩石とされています。

▲輝石の結晶が目立つ溶岩

❹ 天使の泉　岩塊の間を流れる伏流水

涸れ沢を30mほど上流へ上ると、右に登山道が続いています。さらに5分ほどで「天使の泉」に着きます。

泉といっても、ここから水が外に流れ出ているわけではありません。岩のすき間から流れている水が見えますが、水は地中に向かって流れ込んでいます。つまり、岩塊が堆積している山の斜面を伏(ふく)

流水*が流れており、その一部を窓状に見ているのがこの泉なのです。

前富良野岳の周囲にはいくつかの泉があるようです。原始ヶ原の標識の手前に「原始の泉」という標識がありますが、ここでは伏流水が地表に湧き出ているようです。

▲岩のすき間にある「天使の泉」

❺ 広原の滝　柱状節理を流れ落ちる滝

三の沢まで来ると、広原の滝が見えてきます。滝の岩盤を注意して見ると、柱状節理のある岩が丸く削られて、そこにコケが生えているように見えます。この岩石は、地質図では布部川溶岩という約60万年前の溶岩とされています。

登山道は、広原の滝の上にかかる丸太の橋を渡って対岸の斜面に続きます。橋を渡るときは、十分に注意してください。

▲柱状節理の上を流れ落ちる広原の滝

注意

湿原の中はぬかるみが多いので長靴が最適です。天気が悪く見通しがきかないときは、帰り道がわからなくなるので深入りはやめましょう。

❻ 原始ヶ原　溶岩の斜面に広がる湿原

原始ヶ原に出ると、景色は一変します。広々とした草原の中に、アカエゾマツがまばらに生えています。地面が少し低いところはぬかるんでおり、シカの足跡もたくさんついています。この湿原には木道がありません。湿原を保護するためにも踏み分け道からできるだけ外れないようにしましょう。

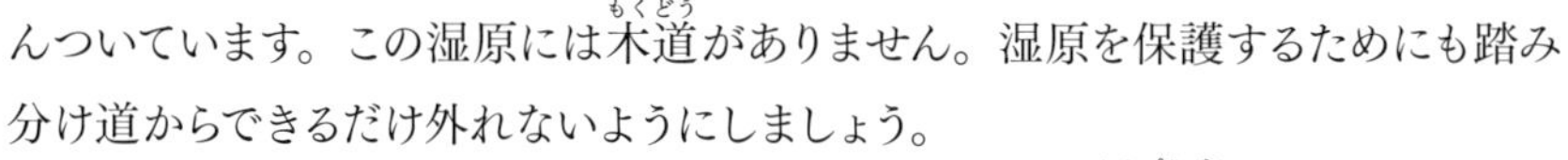

原始ヶ原の広がる場所は、前富良野岳、富良野岳、三峰山の裾野にあたり、それぞれの火山が噴出した溶岩流の表面に、浸食によるれき*、砂、泥などが堆積しています。そこに水がたまり、湿原を形成していったのです。湿原の植物の多くは、中間湿原*を代表するヌマガヤやワタスゲなどの群落です。背丈の低いアカエゾマツはヤチシンコとも呼ばれ、これらの植物は栄養分がとぼしい水の環境の中で生きていることを物語っています。

▲原始ヶ原と湿原の周囲のアカエゾマツ林、「松浦武四郎通過の地」碑

湿原を100mくらい東へ歩くと、「松浦武四郎*通過の地」の碑があります。江戸時代末に北海道を探検していた松浦武四郎が、アイヌたちの案内で、ここを通って十勝へ抜けたといいます。

ここからは前富良野岳と富良野岳がよく見えます。富良野岳は前富良野岳よりも少し新しく、17万年前ころに溶岩を噴出していた火山です。前富良野岳の南東斜面には、大きな岩塊がしきつめられているのが見えます。

碑から120m東へ進んだところに小さな池があります。湿原の中の池を池塘*といいます。しかし水がたまりにくいはずの斜面に池溏があるというのは不思議なことです。注意して池塘の周囲を見ると、斜面の下側にあたる池塘の縁は、ヌマガヤなどが盛り上がって土手になっていることに気づきます。長い年月をかけて池溏の縁の植物が泥炭*を築いて、それが土手となったのです。自然の絶妙なバランスでできている地形を踏み荒らしてはなりません。原始ヶ原の保全のために早急に木道の設置を望みたいところです。

▲ゆるやかな斜面にできている池塘

ここもおすすめ！

三段滝

場所 芦別市、芦別川上流

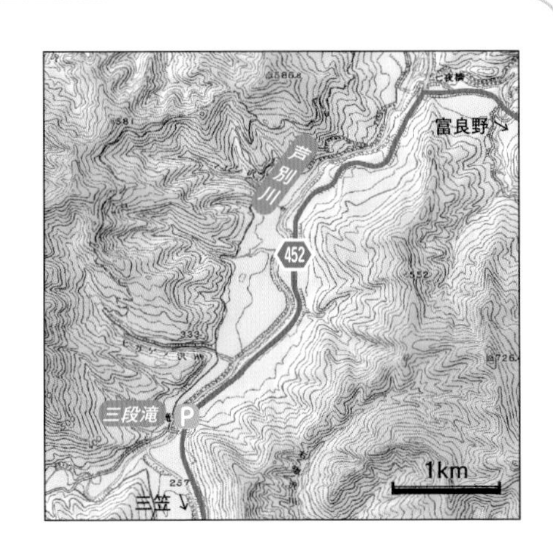

三笠(みかさ)から道道452号を通り富良野に向かう途中に三段滝駐車場があります。

駐車場から芦別川(あしべつがわ)に向かって遊歩道を下りていくと、河床全面に傾いた地層が現れます。芦別川はこの地層に大きく三段の滝をつくって流れ落ちています。

ここで見られる地層は、蝦夷層群羽幌川層(えぞそうぐんはぼろがわそう)の月見砂岩(さがん)＊部層(ぶそう)と呼ばれており、約8200万年前の海底の陸棚(りくだな)＊に堆積した火山性の砂岩層です。

河床には下りられませんが、展望所の傾いた平らな地面が地層の層理面(そうりめん)＊なので、地層の断面を探してよく観察してみましょう。いくつもの細かなラミナ＊が積み重なっており、海底につぎつぎと砂が流れ込んできたことがわかります。地層は約20°の角度で上流に傾いていますが、地殻変動(ちかくへんどう)＊による大地の隆起＊にともなってこのように傾いたのです。

▲傾いた砂岩層を流れ落ちる三段滝

第5章

三笠
夕張

三笠
夕張
夕張岳
川端・滝ノ上

1億5千万 | 1億 | 5千万 | 年前
先白亜紀 | 白亜紀 | 古第三紀 | 新第三紀 | 第四紀

三笠　化石の宝庫

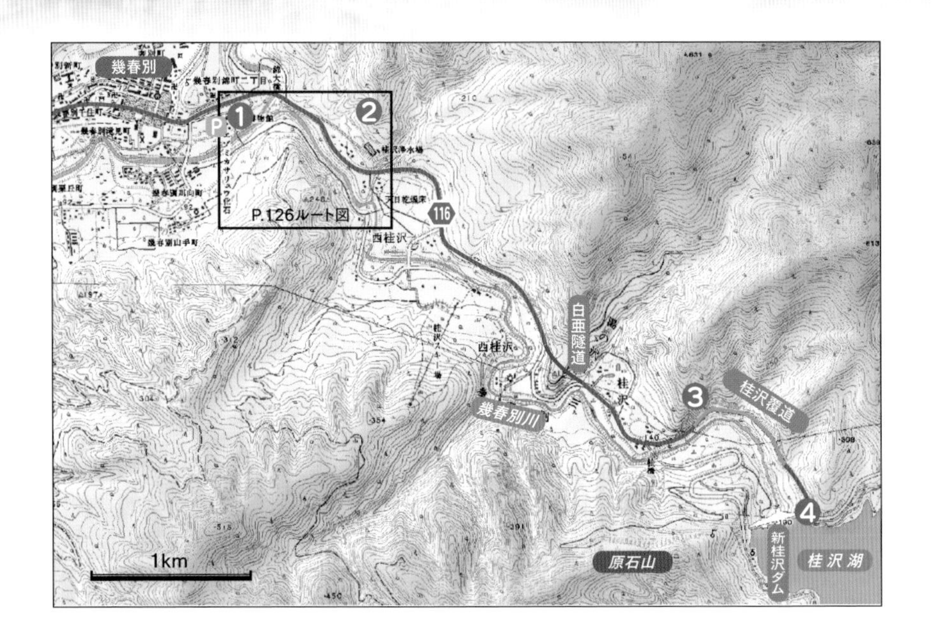

ルート　道央自動車道三笠IC → ❶ Ⓟ 三笠市立博物館 →
❷野外博物館コース(90分)　└→ ❸ 桂沢覆道上 → ❹ 旧展望所

みどころ　三笠市を流れる幾春別川の上流は、古くから北海道を代表するアンモナイト＊化石の産地として知られています。1957(昭和32)年に桂沢ダムができたため、その多くは水没してしまいましたが、周辺の地層からは、今なお多くの化石を採取することができます。また、幾春別はかつて石炭を産出する炭鉱の町として栄えており、当時の名残である産業遺構や切り立った石炭層を見ることができます。

これらの観察ポイントの多くは、三笠ジオパークの野外博物館エリアとして整備されており、ていねいな解説看板もつけられています。1億～5000万年前の貴重な地層を見ながら、当時の海底のようすを想像してみましょう。

❶ 三笠市立博物館　日本一のアンモナイト展示数 解説板

道央自動車道三笠ICから道道116号を道なりに進むと、右手に三笠市立博物館が見えてきます。広い駐車場に車を止め、博物館の入口前に行ってみましょう。ここには、トリゴニア＊という二枚貝の化石が密集した地層、さざ波が打ち寄せる浅瀬の砂の模様（リップルマーク＊）が表面に残っている地層、石炭のかたまりなどが展示されています。どれも幾春別で産出したものです。とくにリップルマークの見られる露頭(ろとう)＊は、そこに新しく白亜隧道(はくあずいどう)ができたために、ほとんど観察できなくなってしまいました。ここでしっかり見ておきましょう。

▲三笠市立博物館

▲リップルマークが残っている地層　（スケールは20cm）

また、幾春別の石炭層をつくるもととなった植物のひとつであるメタセコイア＊の大きな樹も博物館前に植えられています。メタセコイアは“生きている化石”ともいわれる貴重な植物です。

三笠市立博物館には、天然記念物のエゾミカサリュウ＊をはじめ、アンモナイトやこの地域で採取された化石が種類ごとに展示されています。巨大なアンモナイトがフロアにずらりと並んでいるようすは圧巻(あっかん)です。野外観察の時間を調整して、ぜひ寄ってみましょう。

❷ 野外博物館コース　切り立った幾春別層と白亜紀の三笠層 解説板

博物館の正面入口を過ぎて建物の角(かど)を右に曲がり、橋を渡ると、野外博物館コースの始まりです。正面の案内看板で観察ポイントを確認しておきましょう。最後のポイントまでゆっくり観察すると、戻ってくるまでに90分はかかります。

このコースでは、A-01からA-15まで観察ポイントがありますが、地質に関しては、約1億年前の白亜紀*の海底に堆積した三笠層と、それを不整合*でおおう古第三紀*始新世*(5600万〜3390万年前)の幾春別層が観察できます。下のコース図を参考に、案内看板の解説を読みながら地層の見方を学習しましょう。

このルートは野外博物館になっているので、地層をたたいたり、岩石や化石を採取してはいけません。

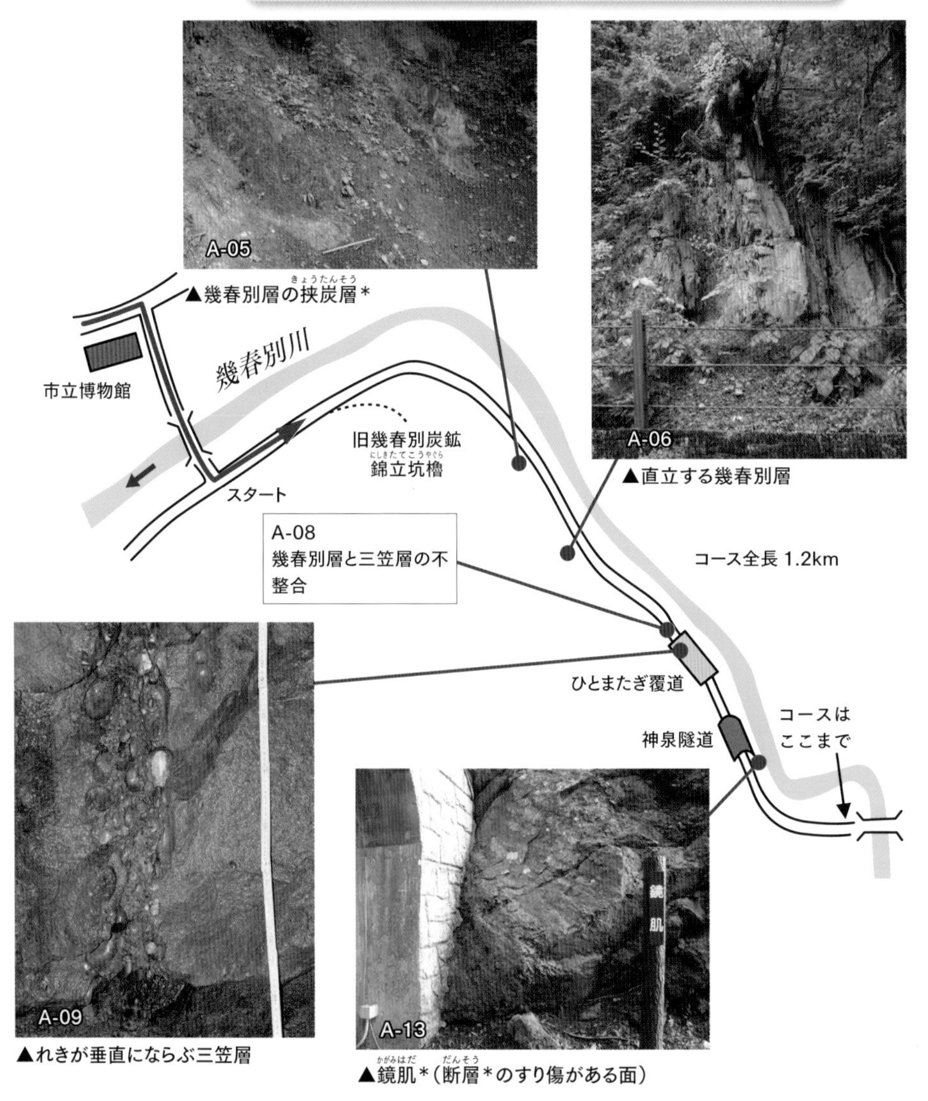

▲幾春別層の挟炭層*

▲直立する幾春別層

▲れきが垂直にならぶ三笠層

▲鏡肌*（断層*のすり傷がある面）

③ 桂沢覆道の上　三笠層の化石

博物館の駐車場にもどり、桂沢湖に向かう道道を進みます。桂沢覆道のまわりには車を止めておく場所がないので、覆道の約500m手前で湯の元温泉に向かう道へ左折して、駐車できるスペースを探しましょう。そこから徒歩で覆道まで行き、覆道の脇から上がります。

注意

この露頭はたいへん崩れやすいので、落石にはくれぐれも注意しましょう。崖を上ると落石を起こしやすく危険なので、化石探しは下のがれきで行いましょう。

ここでは、野外博物館コースでも観察した三笠層の大きな露頭が広がっています。まず、露頭全体を見てみましょう。約40°に傾いた地層が平面状に広がっています。この面は、地層と地層が重なるときにできた面で、層理面*といいます。この露頭では、層理面に沿って上の地層が崩れ落ち、たくさんのがれきが下にたまっています。がれきの岩石は、やや緑がかった灰色の砂岩*です。この中からは、二枚貝、巻貝、トリゴニア、ウニ、アンモナイトなどの化石を見つけることができます。化石がふくまれているこの地層が堆積した約1億年前の浅い海には、たいへん多くの生物がすんでいたことがわかります。時間をかけて、ゆっくりと探してみましょう。

海底にすんでいた生物の化石が、なぜ今、山の中で見つかるのでしょうか。ここには長大な地球のドラマが隠されています。海底に生物の遺体が堆積した後、そこにさらに厚く地層が堆積して埋もれたあと、地殻*が大きな力を受けて海底だったところが隆起*して地表に現れ、雨や川などの浸食を受けるようになりました。大地の隆起はさらに続き、地層も激しく傾き、山の斜面に化石をふくんだ地層が現れるようになったのです。たくさんあるように見える化石でも、地球の長大な時間を経てきたものであることを考えると、私たちが手にすることができるのは奇跡ともいえるのです。たとえ欠けていても、化石は大切な“地球の歴史の語り部”であることを忘れないでください。

▲桂沢覆道上の三笠層の露頭

三笠層から見つかる化石

▲トリゴニアと殻の断面

▲トリゴニアの印象化石*（左：殻の内側、右：殻の外側）

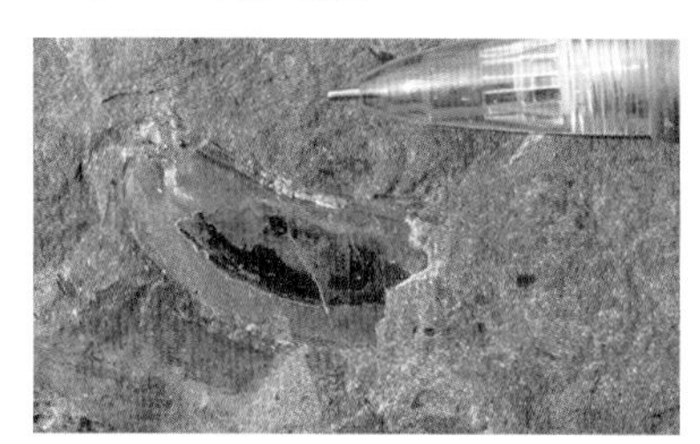

▲殻が残っている二枚貝

▲トリゴニアや二枚貝などの化石が密集した転石

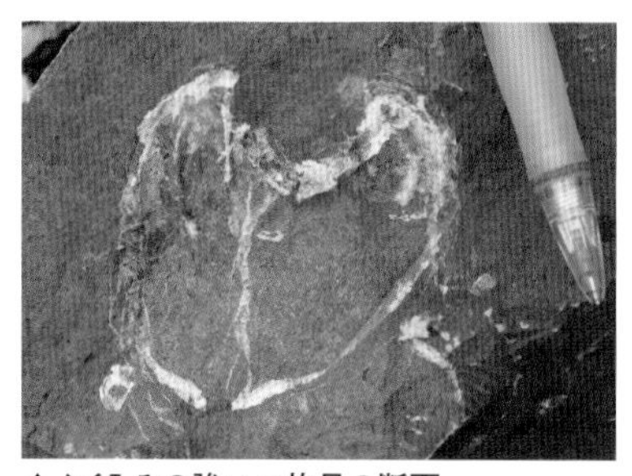

▲ふくらみの強い二枚貝の断面

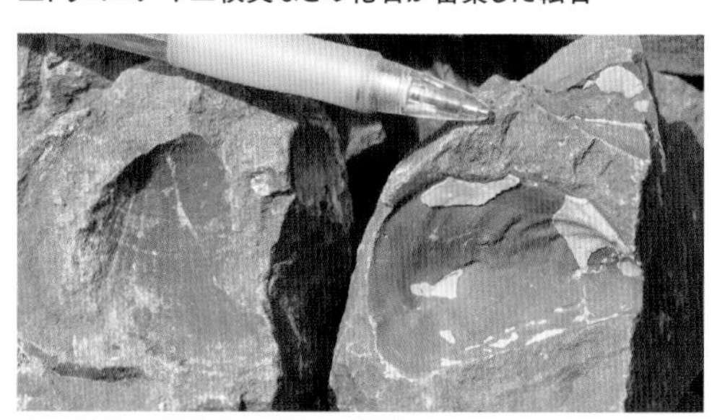

▲二枚貝の印象化石（殻の外側）

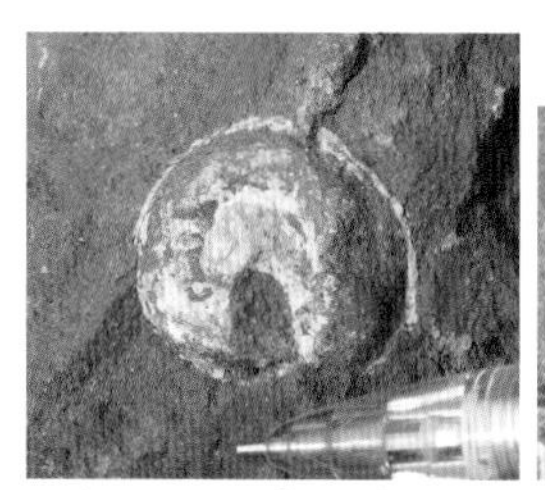

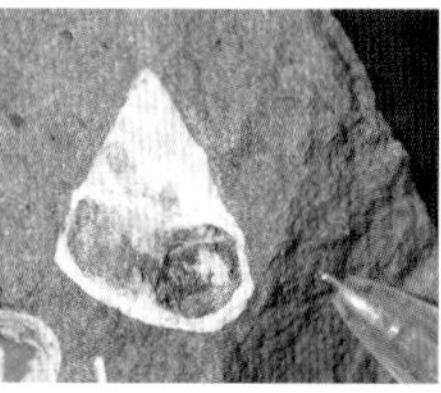

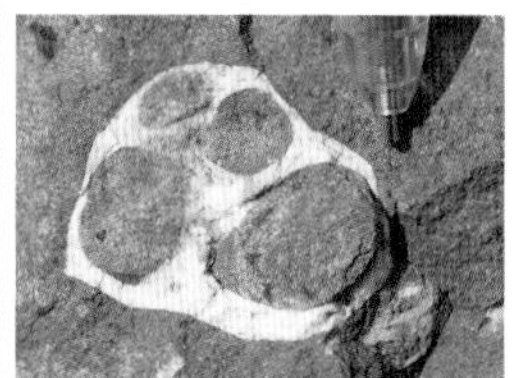

▲巻貝の断面（左：横断面、中央・右：縦断面）

❹ 新桂沢ダム展望所　かさ上げ工事をしたダム

▲幾春別川左岸側から見た旧桂沢ダム

桂沢ダムは、北海道で初めて造られた多目的ダムで、ダムが造られたことで出現した桂沢湖の水は、洪水調節、水力発電、上水道の供給、農地のかんがいなど多用途に使われています。ここにダムが造られた理由は、幾春別川の各支流が集まり水量を確保しやすいことと、白亜紀の強固な地層がダムの岩盤に適していることです。現在、ダムをかさ上げする新桂沢ダムの建設工事が行われており、完成すると桂沢湖はさらに面積を広げることになります。

桂沢ダムも新桂沢ダムも、ダムの堤体を造るコンクリートの骨材として、左岸にある“原石山”を切り崩した岩石が使われています。“原石山”は三笠層でできているので骨材には化石も含まれています。つまり、ダムの堤体には多くの化石が練り込まれており、“化石の宝庫”にふさわしいダムといえるものになっているのです。

新桂沢ダムが完成したら、展望所からダム全体や桂沢湖を見渡して、上の写真の旧桂沢ダムとの違いを探してみてください。

1億5千万　1億　5千万　年前

先白亜紀　白亜紀　古第三紀　新第三紀　第四紀

夕張　石狩炭田のおもかげ

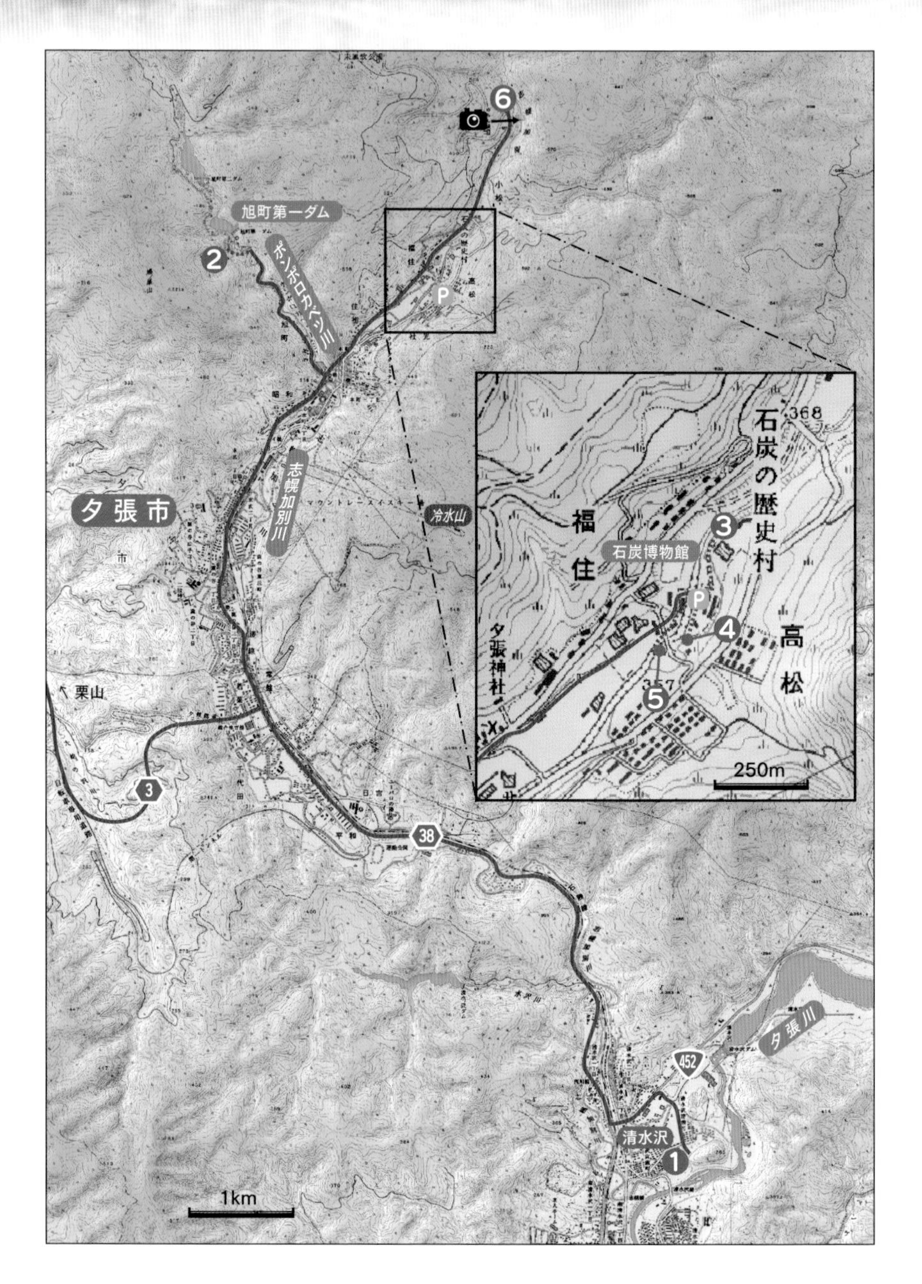

ルート 道道3号 → 道道38号 → ❶清水沢ズリ山 → 二股 –(3分)→
❷旭町第一ダム → Ⓟ石炭の歴史村 → ❸石炭博物館 –(2分)→
❹石炭の大露頭 → ❺天竜橋下 ↳ ❻秋桜塚

みどころ 夕張は、かつて盛んに採掘(さいくつ)が行われていた石狩炭田(たんでん)の中心都市のひとつです。現在はこの地域で石炭を採掘している炭鉱はありませんが、当時の繁栄ぶりは、今でも見ることができる厚い石炭層や、採掘のようすを再現している博物館などでうかがい知ることができます。このルートでは、石炭層がどのような堆積環境でつくられていったのか、いくつかの露頭*を見ながら考えてみましょう。

夕張には、石炭層をふくむ地層よりもさらに古い時代の地層も分布しています。そこではアンモナイト*と同じ時代に生きていた貝化石を採取することができます。

❶清水沢ズリ山　炭鉱が栄えていた証拠

道道38号を南下し、清水沢で左折して国道452号に入ります。約500m進んで右折しアパート群を抜けると、左手の奥に小山が見えてきます。小山のふもとに車を置き、散策路を上ってみましょう。

散策路には、地面がむき出しになっているところがあり、石炭のかけらがたくさん散らばっています。頂上に着くまでに、さびたワイヤーやレールまで埋まっているようすが見られます。このような小山は、炭鉱で石炭を採掘するときに出てくる不要な岩石を積み上げてできたもので"ズリ山*"と呼ばれます。清水沢には、1980(昭和55)年に閉山した北炭清水沢鉱のズリ山が3つあり、ここはその中でいちばん高いズリ山です。

石炭のかけらを手に取って見てみましょう。

▲清水沢ズリ山の全景

▲散策路に散らばる石炭のかけら

たくさんのうすい層からできている部分があります。これは、水中に植物が何層も大量に積み重なって石炭ができた証拠です。石炭として品質の良い部分は、黒光りしています。

清水沢のズリ山は、かつて炭鉱で栄えた夕張のようすを思い起こさせるものとして地元の人たちに大切に守られています。

▲上流側から見た露頭全景

❷ 旭町第一ダム　三笠層の貝化石

道道38号を北上し、夕張市街に向かいます。ポンポロカベツ川を渡ってすぐ左折し、細い道を川に沿って約1.5km進みます。道が二股になっているところで車を止め、左側の坂道を少し歩くと露頭があります。露頭全体に金網がかかっており、落石の危険があるので、転石*を観察してください。

この露頭に現れている地層は、約1億年前の三笠層と呼ばれる灰色の硬い砂岩*層です（☞p.124「三笠」コース参照）。地層全体が南にゆるく傾斜しています。金網の下にたまっている崩れた砂岩の表面を注意深く探してみましょう。イノセラムス*の化石、トリゴニア*の印象化石*や植物片の化石などが見つかるはずです。

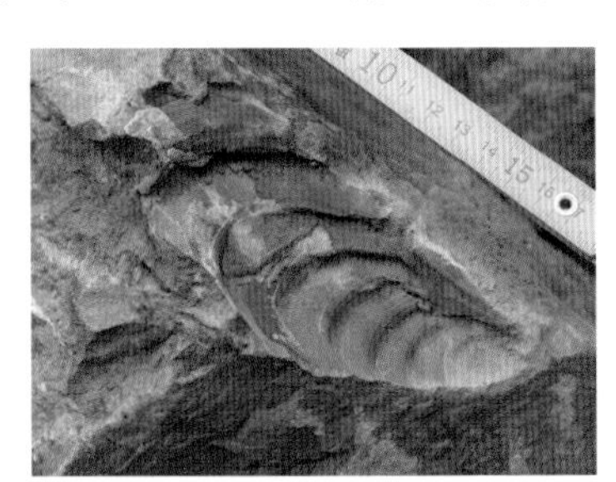

▲イノセラムスの印象化石

▲トリゴニアの印象化石（上）とイノセラムスの化石

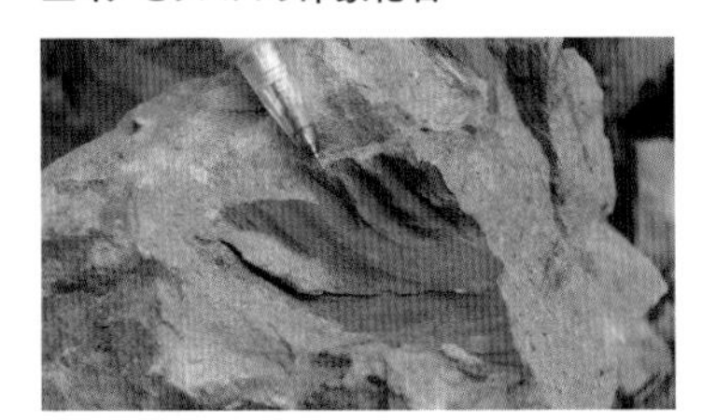

▲葉脈がわかる植物片の化石

❸ 石炭博物館　見ごたえのある坑道めぐり

▲石炭博物館の外観

道道38号をさらに北に進み、市街地を過ぎたところで「石炭の歴史村」に向かう右の道に入ります。いちばん奥の駐車場まで行き、左の坂道を上がると博物館です。

博物館の前庭には、大きな石炭のかたまりが置かれています。また、その横には、“生きている化石”といわれるメタセコイア＊の大きな樹が生えています。石狩炭田の石炭は、このメタセコイアなどの裸子植物やニレなどの被子植物が湖沼地帯に大量に堆積して地中深くに埋もれることでつくられたことがわかっています。石炭と、その原料となった木をよく見ておきましょう。

博物館の中は、石炭の開発の歴史や採掘技術の発展を示す展示がとても充実しています。特に、ヘルメットをかぶって、かつての坑道をめぐる見学コースは、機械化された採炭現場の生のようすが再現されており人気がありましたが、2019年4月に発生した模擬坑道火災のため、地下展示室の先の模擬坑道の見学は休止となっています。一日も早い再開を望みたいところです。

❹ 石炭の大露頭　炭田発見の象徴

博物館の模擬坑道の出口の左側に、地表に現れた石炭の大露頭があります。駐車場からは、右手に進んだところですが、模擬坑道火災の後は、残念ながら近くで見学することができません。

▲炭鉱開発のきっかけとなった石炭大露頭。手前は、模擬坑の入口をおおったもの

この石炭層は、5000万～4000万年前に堆積した石狩層群の中の夕張層にふくまれているものです。露頭で見ると、石炭も普通の地層と同じように重なっていることがわかります。下から十尺層、八尺層、六尺層と呼ばれており、この厚い石炭層が地下深くまで広がって、高カロリーの良質な瀝青炭＊が掘り出されていたのです。こ

の露頭は1888(明治21)年に発見され、夕張の炭鉱開発のきっかけをつくりました。1974(昭和49)年には北海道指定天然記念物となり、夕張が大炭田であることを示す証となっています。

❺ 天竜橋下　夕張層の下の地層

駐車場から志幌加別川を渡り、来た道をもどります。天竜橋（現在は通行禁止)の下をぬけて、川岸の柵から対岸を見ると、露頭があります。砂岩と泥岩＊の水平な地層が見えますが、実際は川の向こう側（南東側)にゆるく傾いています。

この地層は幌加別層といい、④地点で観察した夕張層の下にある地層です。岩質などから、静かな湖沼に堆積した地層と考えられています。

▲志幌加別川の左岸に見られる幌加別層

❻ 秋桜塚　若鍋層の観察

石炭の歴史村を過ぎて、道道38号を北へ進みます。最初の左カーブの突端に秋桜塚という記念碑があるところで、その入口に車を止めます。ここから対岸の崖に出ている地層を観察しましょう。

この露頭の大部分は、夕張層の上にある若鍋層という地層で、その全体が現れています。露頭が人の顔にも似ているので、“夕張の顔”とも呼ばれます。近くに寄ることはできませんが、くわしい調査によると、若鍋層に石炭層はなく、産出する貝化石などから浅い海に堆積

▲“夕張の顔”と呼ばれる若鍋層の大露頭

した砂岩と泥岩からなる地層であるとされています。露頭の最上部は、陸上の河川でつくられた幾春別層がおおっています。

このルートで見てきた地層を右の層序表で整理してみましょう。下の古い地層から上へたどっていくと、この地域が陸上の河川が流れる地域や湖沼地帯から、一度浅い海になり、再び陸地になったことがわかります。石炭層があるということは、陸上で大量の植物が地中に埋もれたことを物語っているのです。

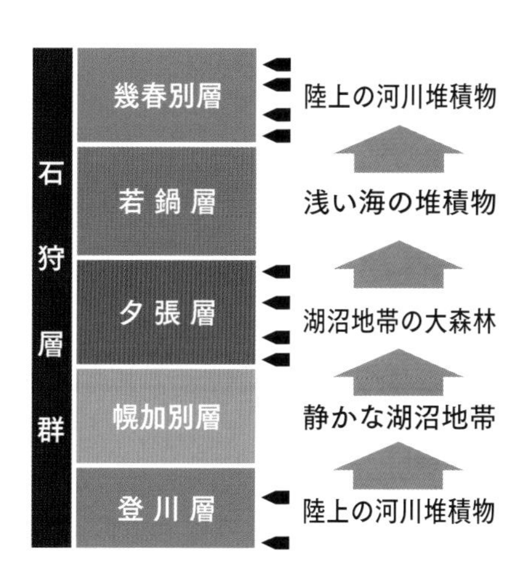

▲石狩層群の模式層序表
（◀は石炭層が多い層準）

豆知識

●石炭の種類

石炭は、湖沼地帯や湿地に植物の遺体が大量に堆積して、地中の圧力と温度により長い年月をかけて変質して岩石になったものです。石炭は地層として現れるので堆積岩の一種ですが、もとは植物なので化石ともいえます。石炭が化石燃料といわれるゆえんです。

ひと口に石炭といっても、変質の進み具合や品質によって下表のように細かく分類されています。日本で産出する石炭はおもに古第三紀の地層中のもので、もっとも多いのは瀝青炭です。燃料が石炭から石油に替わるにつれ、ほとんどの炭鉱は閉山してしまいました。現在、釧路コールマインが日本でただ一つの坑内掘り炭鉱として操業を続けています。

石炭化度	
弱	泥炭
	褐炭
	亜瀝青炭
	瀝青炭
強	無煙炭

▲黒光りする瀝青炭のかたまり

1億5千万 1億 5千万 年前

先白亜紀 | 白亜紀 | 古第三紀 | 新第三紀 | 第四紀

夕張岳 蛇紋岩メランジュが生み出した地形

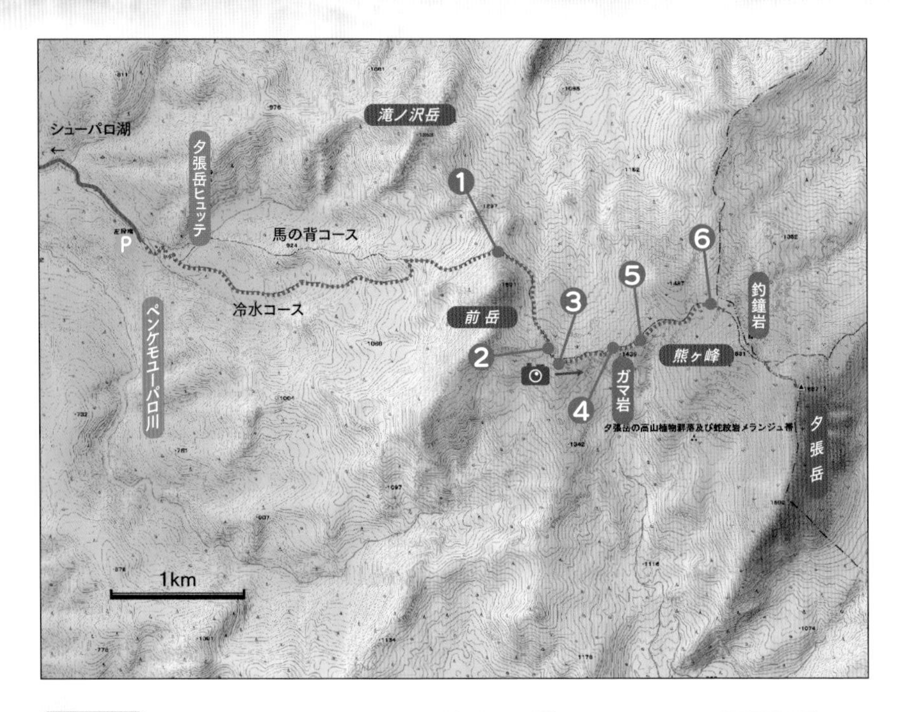

ルート ペンケモユーパロ川沿いの林道 → P 登山口ゲート →(冷水コース 2時間30分)→ ❶望岳台 →(45分)→ ❷前岳湿原入口 →(5分)→ ❸ 前岳湿原 →(15分)→ ❹ ガマ岩 →(10分)→ ❺ 蛇紋岩崩壊地 →(20分)→ ❻ 1400m湿原 →(45分)→ 夕張岳山頂

みどころ 夕張岳は、固有種をふくむ多くの高山植物が咲き乱れる名山として登山者に人気があり、週末には登山口の狭(せま)い駐車スペースがすぐに満杯になってしまうほどです。しかし、夕張岳は蛇紋岩(じゃもんがん)＊メランジュ＊という特異な地質でできていることも貴重で、高山植物群落とともに国指定天然記念物になっています。メランジュとはどのような地質なのか、それがどのような地形をつくりだしたのか、高原地帯を散策しながら見ていきましょう。

注意

夕張岳の登山口までの林道は、例年6月中旬～9月30日までしか通れません。開通時期については、夕張市や空知森林管理署のホームページで確認してください。登山口ゲートまでは、夕張市内からでも車で1時間以上かかります。登山道は木道以外の大部分はササなどがおおいかぶさる小道で、補助ロープが張られている急な崖もあります。コースも長く、観察時間を入れると山頂まで5時間以上かかります。登山経験を積んだ中～上級者向けのコースです。なるべく早朝から登山を始められるように、登山計画をしっかりと立てておくことが必要です。

本コースは天然記念物指定地域のため、植物や岩石の採取はもちろん、ハンマーの使用も禁止です。

❶ 望岳台　前岳の鋭い岩峰

登山口ゲートから林道を10分ほど歩くと、右手に冷水コースの入口があります。このコースを通り、まずは望岳台をめざしましょう。望岳台までは約2時間30分のかなりきつい登山ですが、がんばってください。

前岳の手前で、馬の背コースと合流するあたりからは、登山道には緑灰色の角れき＊が多くなります。これは北北東から南南西に細長く分布する、やや変質した玄武岩＊層の上を登山道が横切っているためです。転石＊の中には、丸い枕状溶岩＊の形をしたものもあり、この玄武岩が海底に噴出したことを示しています。

▲枕状溶岩の形を残している転石

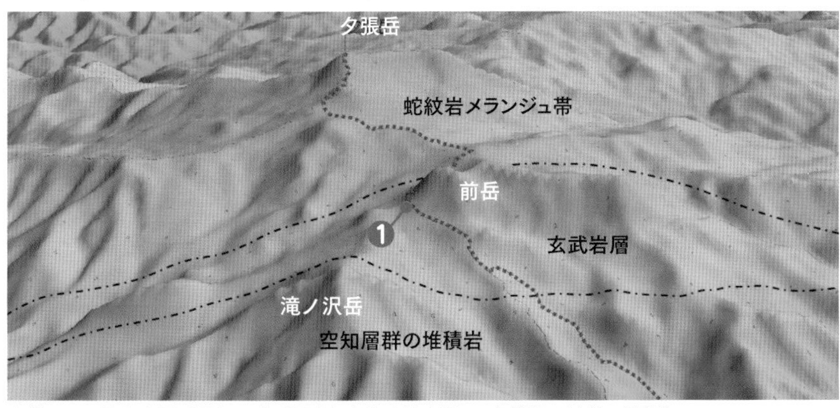

▲北西から見た夕張岳周辺の鳥瞰図（赤点線は登山道、一点鎖線は地質の境界）

▲玄武岩でできている前岳

望岳台からは、すぐ近くに滝ノ沢岳が見えます。滝ノ沢岳は、玄武岩層の上に約1億5000万年前に堆積した空知層群の砂岩＊や頁岩＊の地層でできています。

振り返ると、玄武岩でできた前岳の岩峰がせまって見えます。前岳は玄武岩層の分布の東縁に突き出ており、前ページの鳥瞰図＊を見ると、前岳の南南西に続く稜線は玄武岩層の分布する方向にのびていることがわかります。玄武岩が硬く浸食されにくいために、このように突き出ているのです。

❷ 前岳湿原入口　高層湿原の泥炭

▲むき出しになっている泥炭層

前岳を回る登山道は、急な斜面についたササの細い刈り分け道なので、十分に気をつけてください。憩沢のあたりから視界が一気に開け、気持ちのよい高原が広がります。すでに天然記念物の指定地域に入っているので、木道から外れないようにしてください。

前岳湿原は、標高1350〜1400mのゆるやかな傾斜地に形成された小さな高層湿原＊です。湿原の入口に着いたら、小さな看板のまわりの地面を見てください。黒い地面がむき出しになっています。植生がはがれて、草の下にあるうすい泥炭＊が現れているのです。泥炭は枯れた植物が積み重なり、長い年月をかけてつくられるものです。人が入って踏み荒らしたりすると、もとにもどることはたいへん難しくなくなるので、気をつけなくてはなりません。

❸ 前岳湿原　高原から突き出る岩体がつくるノッカー地形

前岳湿原は、数カ所にわかれて分布しています。木道を歩いていると、前方に夕張岳の山頂が見え、その手前に大きな岩体＊がブロック状にいくつも突き出

▲なだらかな蛇紋岩の斜面から岩体のブロックがいくつも突き出るノッカー地形

ていることに気づきます。平坦なところから岩体が突き出ている地形をノッカー地形＊といいます。ノッカーとは、家の玄関をノックするときに使う突起物のことで、それを地形にたとえたのです。まわりのなだらかな斜面は蛇紋岩や蛇紋岩が風化＊した粘土などでできていますが、突き出ている岩体は堆積岩＊や変成岩＊のブロックで、地下深くから蛇紋岩の大きな岩体が上昇してくるときに、蛇紋岩の中にばらばらに取り込まれたものなのです。蛇紋岩が地表に現れると、軟らかい蛇紋岩はどんどん浸食され、取り込まれていた硬いブロックが突き出るようになったというわけです。このように様々な大きさや種類の岩体がばらばらに取り込まれている地質体をメランジュといいます。夕張岳の蛇紋岩メランジュは、東西の幅が8km以上もある大規模なもので、日本でも数少ない地質体です。

前岳湿原を過ぎて少し上ると、岩体の一部が登山道に沿って壁のようになっているところがあります。メランジュ中の岩体にさわることができる貴重な場所です。

この岩体は白とピンクの縞模様のついた層状チャート＊というとても硬い岩石でできています。石英＊質の殻をもった微生物が深海底に堆積した地層が変質したもので、上昇する蛇紋岩体に取り込まれて地表に現れたのです。

▲層状チャートでできている岩体ブロック

❹ ガマ岩　変成した玄武岩の巨大ブロック

登山道を進むと、目の前にガマ岩と呼ばれている大きな岩塔がせまってきます。比高は50m以上あります。この岩塔は、前岳と夕張岳の間で見られるブロックの中で、もっとも大きなものです。岩体には近づけませんが、変成した玄武岩でできています。細かな節理＊がたくさん入っていますが、玄武岩が噴出したときにできた節理とは、方向などがまったく変わってしまい、他の岩体ともつながりません。

▲変成した玄武岩でできているガマ岩

❺ 蛇紋岩崩壊地　メランジュをつくる蛇紋岩

登山道を進んで、ひょうたん池を過ぎると、蛇紋岩崩壊地と呼ばれる裸地が広がっています。ササなども生えておらず、青灰色や暗緑灰色の角れきが散らばっています。この角れきが、メランジュ帯をつくっている蛇紋岩です。蛇紋岩は浸食を受けやすく、崩れ始めると、どんどん浸食が進むため、植物が生えにくいのです。

しかし、このきびしい環境の中で、気をつけて探すと、蛇紋岩地帯に特有の高山植物を見つけることができます。ほかの植物が育たない場所で生きのびるという“戦略”をとっているのです。

▲蛇紋岩の角れきが散らばる崩壊地

❻ 1400m湿原　風化した蛇紋岩の湿地帯

⑤地点から20分ほどで1400m湿原と呼ばれる広い湿原に出ます。この地点まですべて木道となっているのは、いたるところに水の流れがあり、地表が水浸しの状態になっているからです。沢底が露頭＊になっているところを見ると、とても

▲沢底に現れている風化した蛇紋岩

▲ 1400m 湿原中の池塘

きれいな青灰色の蛇紋岩です。蛇紋岩は、風化・変質して細かく粘土化しており、その中に蛇紋岩の角れきが交じっている状態です。このような地質のため水はけが悪く、このあたり一帯が湿地となり湿原を形成しているのです。湿原の中には、直径10mほどの池塘（ちとう）＊もできています。

ここまで蛇紋岩メランジュ帯の地形と地質を見てきましたが、すでにかなりの時間がたっているはずです。ここから下山するだけでも3時間はかかるでしょう。時間と体力に余裕がある場合は、夕張岳の山頂をめざしてください。

この先の登山道は、釣鐘岩（つりがねいわ）と熊ヶ峰（くまがみね）の間を通ります。この二つの岩峰も蛇紋岩に取り込まれた大きなブロックです。その先の“吹き通し”と呼ばれる尾根を過ぎると、夕張岳山頂部の急な登りです。じつは、夕張岳の山頂部もメランジュ中のブロックで、幅約700m、長さ2km以上もある巨大なものです。このブロックをつくる岩石は、玄武岩が地下深くで高い圧力を受けてできた緑色片岩（りょくしょくへんがん）＊という変成岩です。山頂では緑色片岩がむき出しになっており、片理（へんり）＊は急な角度で東に傾き、尾根とほぼ平行な方向にのびています。

これまでに見てきた蛇紋岩メランジュのでき方を、つぎのページの模式断面図を見ながらまとめてみましょう。

1億数千万年前の中生代＊ジュラ紀＊から白亜紀＊にかけて、北海道はまだアジア大陸の東縁の海底にあ

▲夕張岳山頂部の緑色片岩の転石（平面は片理面）

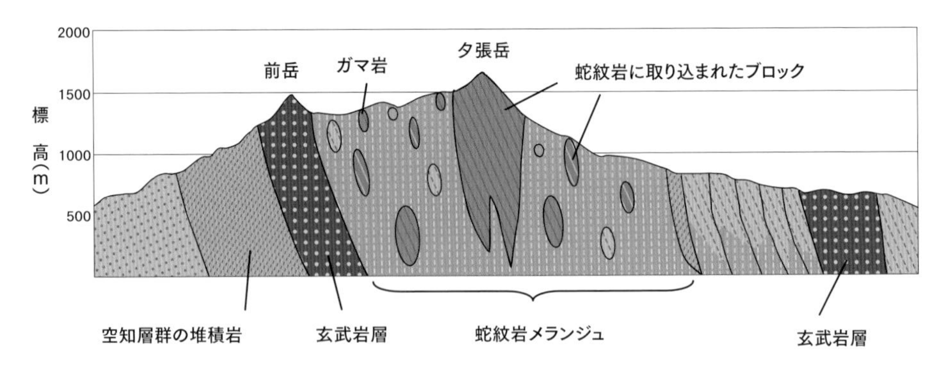

▲夕張岳と前岳を結ぶ面の模式断面図

り、現在の夕張山地の近くには海洋プレートが沈み込む“古日本海溝”があったと考えられています。海底では火山活動により玄武岩の溶岩*が噴出し、深海底にはチャートのもととなる石英質の殻をもった微生物や泥などが厚く堆積します。これらがプレートの動きによって、海溝から地中深くマントル*の近くまで引き込まれて、高い温度や圧力を受けて変成岩に変わっていきました。神居古潭変成帯*に見られる変成岩はこの時期にできたものです。一方で、地下深く沈んだ海洋プレートはマントルをつくるかんらん岩*に水分を供給し、かんらん岩の一部は蛇紋岩に変質しました。蛇紋岩は密度が小さいために地下深くから上昇を始めます。それに加えて北海道付近は東西方向に地殻*を圧縮する大きな力が加わり、蛇紋岩にかぶさっていた地層は大きく山なりに褶曲*して地表に姿を現すようになりました。蛇紋岩は地下深くにあった変成岩や堆積岩の地層の断片を取り込みながら、上昇を続け、かぶさっていた地層の浸食が進むと、地表に露出してノッカー地形をつくったのです。蛇紋岩メランジュをはさんで地質がほぼ対称的になっているのは、夕張山地のでき方が反映されているといえます。

浸食されやすい蛇紋岩地帯がゆるやかな高原地帯をつくっていることにも理由があります。高原地帯は前岳と夕張岳の間にあり、この二列の峰をつくる硬い地質にはさまれている部分が、浸食されにくくなっているのです。“花の名山”は、このような複雑な生い立ちの地質と、その地質によってつくられた地形から成り立っているといっても過言ではありません。

ここもおすすめ!

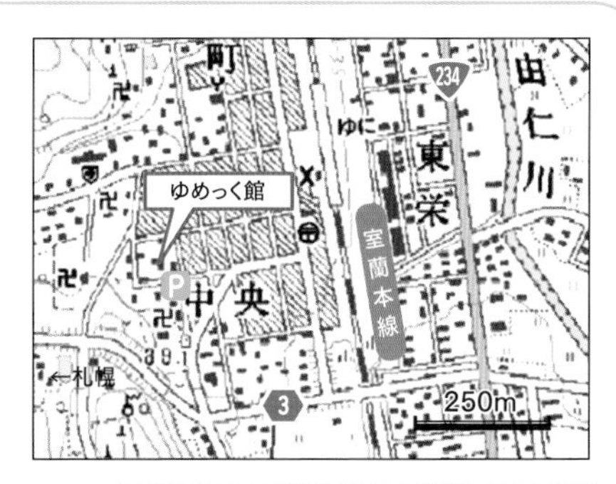

ゆめっく館

場所 夕張郡由仁町中央202番地

札幌方面から道道3号を通り、馬追丘陵を越えて由仁町に入る下り坂の左側に三角屋根の建物が見えます。そこがゆめっく館です。

▲ゆめっく館の外観

玄関を入ってまず驚かされるのは、実物大のマンモスゾウ＊とオオツノシカ＊の模型が展示されていることです。そばに立つと、その大きさに圧倒されます。

なぜここに模型が展示されているのかというと、1990年に由仁町東三川の砂利採取場の6万～5万年前の地層から、マンモスゾウの臼歯化石＊と、オオツノシカの角の化石が発見されたからなのです。さらに常設展示室には、道内の各地で発見されたマンモスゾウの臼歯化石と幕別町忠類で発掘されたナウマンゾウの臼歯化石がずらりと展示されています。道内産のゾウの臼歯化石を観察するには最適です。当時の由仁盆地のジオラマを見ながら、氷河時代の草原に群れをなしていたマンモスゾウやオオツノシカのようすを想像してみましょう。

▲マンモスゾウとオオツノシカの実物大模型

▲由仁町産マンモスゾウの臼歯化石

1億5千万　1億　5千万　年前

先白亜紀	白亜紀	古第三紀	新第三紀	第四紀

川端・滝ノ上　傾いた地層がつくる絶景

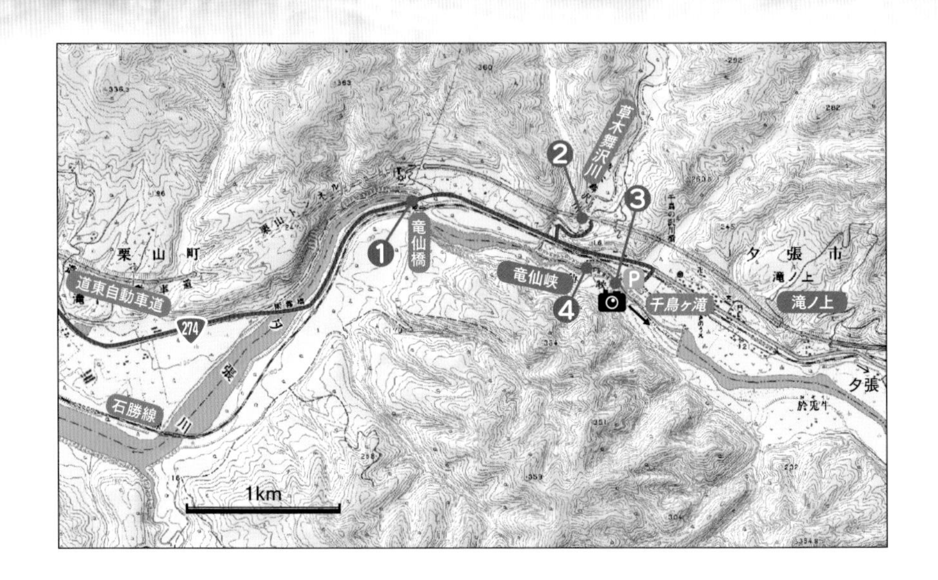

ルート　国道274号 → ❶竜仙橋 → ❷高速道路橋脚下 → Ⓟ夕張滝の上公園 —2分→ ❸千鳥ヶ滝 —5分→ ❹滝の吊橋

みどころ　由仁町川端から夕張市滝ノ上にかけては、この地域の代表的な地質である川端層を見ることができます。川端層は、1500万〜1000万年前のやや深い海底に堆積した地層で、泥や砂、れき＊などの層がいくえにも厚く積み重なっています。川端層をつくる地層をくわしく観察すると、地層をつくる土砂がどちらから運ばれ、海底でどのように堆積したのかを知ることができます。

　このルートでは、地殻変動（ちかくへんどう）＊で地表に現れた川端層を、夕張川が浸食してつくったみごとな景観（けいかん）を楽しむことができます。特に滝の上公園は紅葉が美しいことで知られており、ダイナミックな滝の流れとともに訪れる人たちを魅了（みりょう）しています。渇水（かっすい）期の夏場は人影もまばらですが、むしろ地層の観察には最適です。

❶ 竜仙橋　地層の走向に沿って流れる川

▲縦谷に現れている河床の川端層。渇水期が観察に適しています

国道274号を三川から川端方面へ進むと、道が平地から山地へと入っていくのがわかります。夕張川を渡る三本目の橋が竜仙橋です。橋を渡ってすぐ左手の発電所へ向かう道のわきに車を止め、歩いて竜仙橋の上まで行きます。歩道がないので、通行する車には十分注意してください。

橋の上から夕張川の上流側を見ると、河床全面に川端層が現れています。地層の広がる方向を走向*といいますが、ここでは走向と平行に川が流れ、谷がつくられているようすがわかります。このような谷を縦谷*といい、地質のつくりが川の流れや谷ができる方向に影響を与えている例です。

河床の川端層はＪＲの鉄橋の向こうに見える崖の面にも続いており、そこでは水平に地層が重なっているように見えます。しかし、実際には地層は南西に傾斜しています。崖の面の向きによって、地層の見かけの傾斜が変わって見えることに注意しましょう。

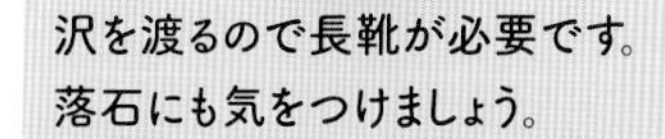

注意

沢を渡るので長靴が必要です。
落石にも気をつけましょう。

❷ 高速道路橋脚下　タービダイトと底痕

①地点から国道を滝ノ上方面に約750m進むと草木橋があり、さらに50m進んで左折し林道に入ります。道なりに進んで、高速道路の橋脚の下まで行きます。

高速道路下の左側の崖には、斜めに傾いた川端層が現れています。最近では、川端層をじっくり観察できる露頭*が少なくなってしまったので、貴重な場所です。

斜面を下りて沢を渡り、地層に近づいてみましょう。硬くて厚い砂岩*の地層と、ややへこんだ泥岩*の地層が規則正しくくり返し堆積しているようすがわかります。このような地層の

▲川端層の砂岩と泥岩の互層

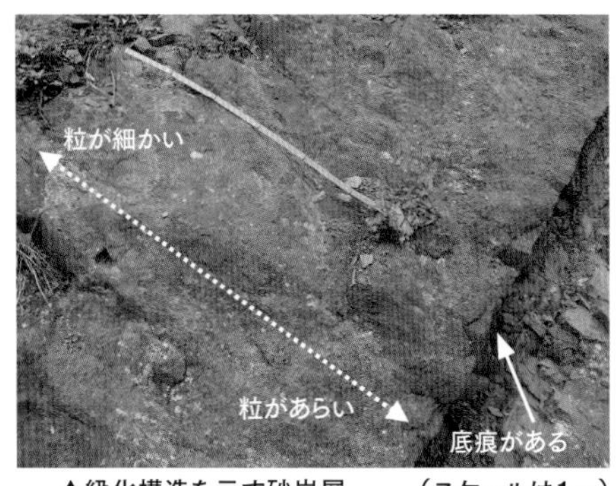

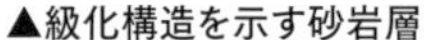
▲級化構造を示す砂岩層　（スケールは1m）

▲砂岩層の底面に見られる底痕

重なりを砂岩と泥岩の互層（ごそう）＊といいます。これらの地層は、泥や砂などが混じった土砂が海底の斜面を流れ下ることによってつくられると考えられており、タービダイト＊といいます。土砂が海底を流れると、重たい砂が下のほうに堆積し、軽い泥はその上に積もります。何度も土砂が流れ下ると、砂岩と泥岩の地層が交互（こうご）に積み重なるというわけです。

一枚の砂岩層を上下方向に注意して見てみましょう。すると、地層の下の方は砂粒があらく、上に向かってしだいに細かな粒になっている地層が見つかります。これは、土砂が海底を流れ下るときに、大きく重たい粒から先に堆積していったことを示しています。このような堆積の状態を級化構造（きゅうかこうぞう）＊といいます。

また、飛び出た砂岩層の底面をよく見ると、層理面＊に細い棒状の出っ張りや、丸みをおびたふくらみがある部分が見つかります。これは海底の泥のでこぼこの型が、砂岩層の底面にそのまま残ったもので、底痕（ていこん）＊（ソールマーク）といいます。海底の泥の上には、れきなどが移動して細い溝（みぞ）をつくったり、水流でくぼみができているところがあります。そこに砂が堆積すると、溝やくぼみは砂で埋められ、砂岩層の底面にその形が出っ張りとして写し取られるのです。この底痕をくわしく分析すると、当時の海底で土砂や水が流れていた方向を知ることができます。ここでは、水の流れは南に向かっていたと考えられています。

❸ 千鳥ヶ滝　縦谷がつくる絶景

「夕張滝の上公園」の看板から右折し、JRの踏切を渡って駐車場に入ります。そこから徒歩で千鳥橋まで行ってみましょう。橋の下を流れる夕張川の両岸には、②地点から続く川端層が河床いっぱいに連続して現れています。地層は南

▲川端層を削り込みながら流れ落ちる千鳥ヶ滝

西側に約70°もの角度で傾き、硬くて厚い砂岩層が突き出ています。夕張川は、泥岩層やうすい砂岩層を激しく浸食しいくつもの細い溝をつくっています。ここも①地点と同様に、地層の走向と川筋（かわすじ）が平行な縦谷になっています。

❹ 滝の吊橋　竜仙峡の景勝地（けいしょうち）

千鳥橋を渡って5分ほど遊歩道を進むと、滝の吊橋（つりはし）があります。千鳥ヶ滝から下流の1kmほどは川幅が狭く、竜仙峡（りゅうせんきょう）と呼ばれています。この吊橋は、竜仙峡のほぼ中央にあり、夕張川が切り立った川端層を浸食してみごとな峡谷（きょうこく）をつくっています。

河床をよく見ると、地層の走向に対して斜めに川が流れています。谷のすべてが縦谷ではないことに注意しましょう。

1500万～1000万年前は、ここが次々と地層が堆積するやや深い海底で、その後の大地の変動で地表に現れていることを考えながら、地球のダイナミックな動きを感じ取ってください。

▲滝の吊橋から見た竜仙峡

【あ】

浅野炭鉱(あさのたんこう)　1930(昭和5)年に開業した留萌炭田の中心的な炭鉱。沼田町浅野地区(現在のホロピリ湖)に人口数千人の街を形成していた。1968年に閉山。

アミノドン　始新世後期〜漸新世(約4100万〜2303万年前)に、北米や東アジアに生息していた絶滅したサイの仲間。

安山岩(あんざんがん)　地下のマグマが地表やその近くで冷えてできた火山岩の一種。斜長石、輝石、角閃石、石英などの鉱物が斑状組織をなす。日本の多くの火山でよく見られる。

アンモナイト　古生代半ば〜中生代に世界中の海に栄えた頭足類(イカやタコの仲間)の総称。殻の形態により様々に進化したことが知られている。北海道では中生代の示準化石。

硫黄(いおう)　火山の噴気孔や温泉沈殿物などに見られる黄色い元素鉱物。元素記号はS。工業原料として採掘される。

石綿(いしわた)　アスベストともいう。蛇紋岩中などに産する細かな繊維状の鉱物。様々な工業製品に利用されていたが、発がん性が問題となっている。

イノセラムス　中生代ジュラ紀〜白亜紀(約2億100万〜6600万年前)の海に栄えた二枚貝。日本の白亜紀の地層から多産する。

印象化石(いんしょうかせき)　生物の形態の印象だけが型となって残った化石。化石の多くは印象化石である。

隕石(いんせき)　地球外から飛来する固体物質の総称。原始の太陽系や惑星ができるときの記録が保存されているので貴重。鉄隕石、石鉄隕石、石質隕石などに区分される。

永久凍土(えいきゅうとうど)　夏でも凍ったままの状態の土壌や岩石。大雪山では、高度1600m以上で地表より深さ2m以下に分布する。

エゾミカサリュウ　1976(昭和51)年に三笠市桂沢湖周辺で発見されたモササウルス科の海生は虫類の頭部の化石。当初はティラノサウルス科の肉食恐竜の可能性があるとされ、国の天然記念物にも指定された。

オオツノシカ　氷河時代に日本にも生息していた巨大な角をもつシカ。

【か】

階状土(かいじょうど)　構造土の一種で、ゆるやかな斜面にできる階段状の微地形。

鏡肌(かがみはだ)　断層運動にともなう摩擦によって、断層の両側の岩盤に生じた光沢のある面。表面の筋模様により断層運動の方向がわかることがある。

角閃石(かくせんせき)　岩石をつくる鉱物の一種。火山岩では黒っぽい長柱状に見える。割れやすい面で平面をつくりやすい。

花こう岩（かこうがん）　マグマが地下深くでゆっくりと冷え固まってできた深成岩の一種。主に石英、長石、黒雲母などの大きな結晶が等粒状組織をつくる。御影石（みかげいし）とも呼ばれる。

火砕丘（かさいきゅう）　火山の噴火で、火口のまわりに火山灰やスコリアなどの噴出物が積み重なってできた小さな円錐形の火山体。

火砕サージ（かさいさーじ）　火山灰とガスが混じった高温の噴煙が地表に沿って高速で流れ広がる噴火現象。堆積物には多数のラミナが見られる。

火砕流（かさいりゅう）　火山が噴火したとき、火山灰や軽石・岩石などが水蒸気やガスとともに高速で斜面を流れ下る現象。地形の低い部分に沿って流れる。

火山角れき岩（かざんかくれきがん）　おもに直径64mm以上の火山岩の角れきでできている火山噴出物のこと。

火山弾（かざんだん）　火口から放出されたマグマが、空中を飛行する間に特定の形やつくりをもつようになったもの。

火山灰（かざんばい）　火山噴出物のうち、大きさが2mm以下のものすべて。

河成段丘（かせいだんきゅう）　川に沿って分布する階段状の地形のこと。一般に高い段丘ほど形成時期が古い。

化石層（かせきそう）　地層の中で、特に化石が多い層のこと。

活火山（かつかざん）　過去およそ1万年以内に噴火した火山、および現在活発な噴気活動のある火山。

活断層（かつだんそう）　過去に起きた地震で、繰り返しずれている断層が地表に現れたもの。今後も動いて地震が発生する可能性がある。

神居古潭変成帯（かむいこたんへんせいたい）　北海道の中央部を南北に細長く分布する結晶片岩を主体とする変成帯。約1億5千万年前から1億年をかけて上昇している。

軽石（かるいし）　空中に噴出したマグマが固まるときに、ガスが抜けてたくさんの孔があいた白っぽい石。必ずしも水に浮くわけではない。

カルデラ　普通の火口よりも大きな火山性の円形のくぼ地。火山の爆発や噴火後の山体の陥没（かんぼつ）などによってできる。ポルトガル語で「大鍋」の意味。

岩屑なだれ（がんせつなだれ）　マグマの貫入や水蒸気爆発、地震などにより、火山体の一部がなだれのように崩れ落ちる現象。堆積物には、大きな地塊をふくみ、流れ山地形をつくる。

岩屑流（がんせつりゅう）　→岩屑なだれ

岩体（がんたい）　ある一定の性質をもつ岩石のまとまり全体をさしていう。

岩脈（がんみゃく）　地下からほぼ垂直に上がってきたマグマが冷えて固まってできた岩体。多くは板状にのび、壁に垂直な節理が発達する。

岩片（がんぺん）　堆積物中の岩石の細かなかけら。

かんらん岩　おもにかんらん石と輝石からなる深成岩。地球のマントルをつくっている岩石。水分をふくむと蛇紋岩に変質する。

かんらん石　岩石をつくる鉱物の一種。鉄・マグネシウム成分に富む。火山岩では玄武岩に多く、オリーブ色〜あめ色をした粒に見える。

輝石（きせき）　岩石をつくる鉱物の一種。火山岩にはふつうにふくまれており、茶色または濃緑色の短〜長柱状に見える。

逆断層（ぎゃくだんそう）　断層面を境にして、上側の部分が下側の部分よりもずり上がっているもの。（⇔正断層）

級化構造（きゅうかこうぞう）　1層の地層の中で、下から上に向かって粒の大きさが小さくなっていく堆積構造。級化層理ともいう。

臼歯化石（きゅうしかせき）　奥歯の化石。ゾウの歯は、上下左右で4個の臼歯からなる。

凝灰岩（ぎょうかいがん）　火山灰でできた地層が押し固められてできた岩石。軽石をふくむこともある。

挟炭層（きょうたんそう）　石炭層をふくむ地層のこと。

クビナガリュウ　中生代ジュラ紀〜白亜紀（約2億100万〜6600万年前）に生息していた海生は虫類。長頸竜（ちょうけいりゅう）、プレシオサウルスともいう。

クレーター　円形のくぼ地のことで、成因や大きさを問わない。

黒雲母（くろうんも）　岩石をつくる鉱物の一種。形のよいものは六角板状で、うすくはがれやすい性質をもつ。

クロスラミナ　地層の層理面にたいして斜めに堆積しているラミナのこと。

珪岩（けいがん）　チャートを原岩とする接触変成岩。白っぽい石英質の石。

頁岩（けつがん）　泥岩が圧密を受けて、はがれやすい性質をもった岩石。

玄武岩（げんぶがん）　粘り気の小さなマグマが地表や地表近くで冷えてできた火山岩。有色鉱物に輝石やかんらん石をふくむ。

更新世（こうしんせい）　新生代第四紀の中の地質時代のひとつ。258万〜1万1700年前。

高層湿原（こうそうしつげん）　雨と雪から水分・養分のほとんどが供給されている湿原。栄養にとぼしく、主な植物はミズゴケで構成されている。

構造土（こうぞうど）　周氷河地域で地表に形成された縞状、多角形などの模様。模様をつくるのは、割れ目、植生、れきなど。

互層（ごそう）　質の違ううすい層が交互に重なってできている地層。

古第三紀（こだいさんき）　6600万〜2303万年前までの地質時代。古い方から、暁新世（ぎょうしんせい）、始新世、漸新世（ぜんしんせい）にわけられる。

コンクリーション　地層中に形成された、球状や不定形をした硬いかたまり。海底に埋もれた生物の遺骸などからしみ出た炭素成分が、海水中のカルシウムと結びつき、遺骸を包むように炭酸カルシウムが沈殿しかたまりとなったもの。内部に化石がふくまれていることもある。

【さ】

砂岩（さがん）　砂の地層が固まってできた岩石。

砂白金（さはっきん）　砂状に産出する自然白金や白金族元素の鉱物。日本では、北海道の幌加内地域などで産出する。

残丘（ざんきゅう）　周辺より硬い岩石からなる小高い丘。

示準化石（しじゅんかせき）　広い地域に分布し、ある特定の地質時代を示す化石。

始新世（ししんせい）　新生代古第三紀の中の地質時代のひとつ。5600万〜3390万年前。

縞状土（しまじょうど）　斜面の傾斜方向にのびる地表の縞模様。構造土の一種。

ジュラ紀（じゅらき）　中生代の中の地質時代のひとつ。約2億100万〜1億4500万年前。

斜長石（しゃちょうせき）　岩石をつくる鉱物の一種。マグマが冷えてできる岩石（火成岩）には、ごく普通にふくまれている白っぽい鉱物。

蛇紋岩（じゃもんがん）　地球のマントルをつくるかんらん岩が、水と反応して変質してできた岩石。

褶曲（しゅうきょく）　地層などの層状の岩石が、波状に変形していること。

縦谷（じゅうこく）　地層の走向方向にのびた谷。

周氷河地形（しゅうひょうがちけい）　寒冷気候の地域で、おもに凍結融解が繰り返されてできた特徴的な地形。

鍾乳石（しょうにゅうせき）　鍾乳洞に見られる石灰岩質のつららのこと。

鍾乳洞（しょうにゅうどう）　石灰岩の割れ目や層理面にしみ込んだ水が、長い年月をかけて石灰岩をとかしてつくった洞くつ。

深成岩（しんせいがん）　マグマが地下深くでゆっくりと冷え固まってできた岩石。等粒状組織を示す。

新第三紀（しんだいさんき）　2303万〜258万年前までの地質時代。中新世と鮮新世にわけられる。

水蒸気爆発（すいじょうきばくはつ）　マグマから分離した水蒸気や、地下水がマグマにふれて生じた水蒸気が高温高圧になって起こる火山噴火。

スコリア　軽石と同じつくりをしている黒っぽい火山噴出物。玄武岩質のマグマが発泡してできることが多い。

ズリ山（ずりやま）　鉱山の採掘ですてられる母岩や低品位の鉱石が積み上げられてで

きた山。

生痕化石（せいこんかせき）　地層や化石に残された生物の生活の跡。生物の遺体ではなくても、化石という。巣穴のほかに、足跡、はい跡、食べ跡など様々。

青色片岩（せいしょくへんがん）　藍閃石片岩の野外での一般的な呼び名。

石英（せきえい）　岩石をつくる鉱物の一種。ガラスと同じ成分でできている。高温で結晶になったものは、六角のそろばん玉状。低温で大きな結晶になったものが水晶。

石筍（せきじゅん）　洞くつの床からたけのこ状に成長している沈殿物。鍾乳洞では、天井から石灰分をふくんだ水滴が落ちることによってできる。

石灰岩（せっかいがん）　温かく浅い海底に石灰質の殻をもつ生物の遺骸が大量に堆積してできた堆積岩の一種。成分は炭酸カルシウム。

石灰質片岩（せっかいしつへんがん）　石灰岩が変成してできた結晶片岩。

石基（せっき）　マグマが冷えるときに、大きな鉱物の結晶になれずにそのまま固まった部分。細かな結晶やガラス質からなる。

節理（せつり）　岩石に発達する平面的な割れ目。マグマが急に冷えるときには、冷やされる面に対して垂直方向に割れ目ができることが多い。

鮮新世（せんしんせい）　新生代新第三紀の中の地質時代のひとつ。533万～258万年前。

潜流瀑（せんりゅうばく）　地下水が崖の途中から湧き出て滝となったもの。

走向（そうこう）　地層の層理面や節理面、断層面などが水平面と交わる直線の方向。

層理面（そうりめん）　地層が積み重なったときに、境目となっている面のこと。一枚の地層の表面。

【た】

大正泥流（たいしょうでいりゅう）　1926（大正15）年に十勝岳の中央火口丘が水蒸気爆発で崩れ、それにともなって発生した火山泥流。泥流は美瑛川と富良野川に沿って20km以上流れ下り、144名の犠牲者を出した。

堆積岩（たいせきがん）　堆積物が積み重なり、固結してできた岩石。

大理石（だいりせき）　石灰岩が接触変成作用を受け、方解石の結晶の集合となった岩石。結晶質石灰岩ともいう。

タカハシホタテ　中新世後期から更新世の寒流域に生息していた絶滅種の二枚貝。殻が厚く右殻が大きくふくらんでいるのが特徴。

タキカワカイギュウ　1980（昭和55）年に滝川市空知川河床の約500万年前の地層から発見された、絶滅した海牛の祖先の全身骨格化石。北海道指定天然記念物。

タービダイト　砂や泥が混じった流れ（混濁流〈こんだくりゅう〉）が、海底の斜面を流れ下ってできた堆積物。

段丘崖（だんきゅうがい）　段丘面が浸食されて崖になっているところ。

段丘面（だんきゅうめん）　段丘をつくる平坦面のこと。かつての河床、海底、湖底の部分。

段丘れき（だんきゅうれき）　段丘の平坦面をつくっているれき層。昔の河原のれきの堆積物。

断層（だんそう）　岩石や地層が破壊されてできた面の両側でずれがあるもの。

地殻（ちかく）　地球の表面をとりまく岩石の層。大陸は玄武岩層と花こう岩層からなり厚さ30～40km、海洋は厚さ10kmに満たない玄武岩層からなる。

地殻変動（ちかくへんどう）　長い年月にわたる大地の運動によって、地表に現れた土地の移動や変形のこと。

池塘（ちとう）　高位泥炭地にできている池。池溏とも書く。

チャート　硬く緻密な石英質の堆積岩の一種。海底に放散虫などの石英質の殻をもつ微生物の遺骸が堆積してできる。

中間湿原（ちゅうかんしつげん）　低層湿原から高層湿原にいたる中間段階の湿原。

柱状節理（ちゅうじょうせつり）　溶岩や溶結凝灰岩に見られる柱を束ねたような形になっている節理。柱状節理の断面の多くは、四角形～六角形を示す。

中新世（ちゅうしんせい）　新生代新第三紀の中の地質時代のひとつ。2303万～533万年前。

中生代（ちゅうせいだい）　約2億5200万～6600万年前までの地質時代。古い方から、三畳紀、ジュラ紀、白亜紀にわけられる。

鳥瞰図（ちょうかんず）　空を飛ぶ鳥から地表を見た時のように地表を立体的に表した図。

泥岩（でいがん）　泥の地層が固まってできた岩石。

底痕（ていこん）　砂岩層の底面に見られる堆積構造の跡。ソールマークともいう。直下の泥岩層の表面構造が写し取られたもの。

泥炭（でいたん）　湿地に生えた植物が、枯れてからもあまりくさらずに積み重なってできる堆積物。

泥流（でいりゅう）　泥を多くふくんでいる堆積物の流れ。

転石（てんせき）　地面にころがっている石。川などでは、上流の地質を知る手がかりになる。

透過型ダム（とうかがただむ）　泥流や土石流が発生したときに、流木とともに巨大な岩塊をくい止めるために設置されるダム。スリットダムともいう。

凍結坊主（とうけつぼうず）　地表の近くが凍結して直径数十cm～1mくらいの半球状に盛り上がった微地形。アース・ハンモックともいう。

等粒状組織（とうりゅうじょうそしき）　深成岩に特徴的な岩石のつくり。大きさがほぼ同じ鉱物が組み合わさっている。

土石流（どせきりゅう）　土・砂・れきなどが水と混じり合いながら斜面を流れ下る現象。浸食力がたいへん強く、大きな岩や流木を巻き込みながら斜面を削っていくため、流下するにつれて体積が増え、被害を大きくする。山津波。

トリゴニア　中生代に世界的に繁栄した二枚貝化石。中生代の示準化石。

トロニエム岩（とろにえむがん）　斜長石、石英、角閃石または黒雲母からなる深成岩で、有色鉱物がきわめて少ない岩石。

【な】

ノジュール　→コンクリーション

ノッカー地形（のっかーちけい）　平坦地から岩塊が突き出ている地形。平坦地をつくる地質と、岩塊の地質の浸食の受け方に違いがあるために生じる。

ヌマタネズミイルカ　1985(昭和60)年、沼田町幌新太刀別川の河床から発見された、日本初のネズミイルカ科の新属・新種の全身骨格化石。北海道指定天然記念物。

ヌマタナガスクジラ　1989(平成元)年、沼田町雨竜川河床で発見された新属・新種のナガスクジラ科の化石。

粘土鉱物（ねんどこうぶつ）　粘土をつくっている鉱物。大部分が多量の水をふくむ層状のつくりになっている。

粘板岩（ねんばんがん）　泥岩が圧密を受けて、うすくはがれるように変形した岩石。

【は】

ハイアロクラスタイト（水冷破砕岩（すいれいはさいがん））　溶岩が水中に噴出し、急冷されて岩石の破片や火山灰となり、それらが入り交じって水底に堆積したもの。

白亜紀（はくあき）　中生代の中の地質時代のひとつ。1億4500万～6600万年前。

斑晶（はんしょう）　火山岩の中で、肉眼的に大きな粒に見える鉱物の結晶。

板状節理（ばんじょうせつり）　柱状節理の方向とは垂直にできる板状の割れ目。

美瑛軟石（びえいなんせき）　約210万年前に、現在の十勝岳付近から噴出した美瑛火砕流堆積物の溶結部から採石された石材名。石英の結晶が目立つ流紋岩質溶結凝灰岩。1906(明治39)年から1969(昭和44)年ころまで採石されていた。

微閃緑岩（びせんりょくがん）　比較的細かな結晶からなる閃緑岩。

微地形（びちけい）　地表面にできる細かな地形のこと。

風化（ふうか）　岩石が地表で風雨などにさらされて、細かな粒になったり、変質して粘土鉱物などになること。

付加体（ふかたい）　海溝に海洋プレートが沈み込むときに、陸側の先端部に押し付けられた海底の堆積物からなる地質体。

伏流水（ふくりゅうすい）　地下にしみ込んだ水の流れ。

不整合（ふせいごう）　海底に堆積した地層などが、隆起して陸となり、風化・浸食を受けたのち、再び沈降して新たな地層がその上に堆積しているとき、古い地層と新し

い地層の関係をいう。かつて浸食を受けていた地表面は不整合面として現れる。（⇔整合）

偏角（へんかく）　方位磁針がさす磁北と、地図上の真北とのずれの角度。地球上の位置によって異なり、北海道では磁北は西に8°～9°ずれる。

変成岩（へんせいがん）　高温、高圧の変成作用を受けて、もとの岩石から鉱物やつくりが変化した岩石。

片理（へんり）　岩石中の結晶が一定方向に配列して生じる、線状または面状のつくり。結晶片岩に特徴的に見られる。

方解石（ほうかいせき）　炭酸カルシウムからなる鉱物。岩石中に普通に見られ、特に石灰岩に多い。温泉や地下水からも沈殿する。生物の外骨格や殻をつくる主要な構成物。

放散虫（ほうさんちゅう）　石英質の骨格や殻をもつ海性のプランクトン。堆積岩のチャートをつくる。時代ごとに形態が異なり、地層の年代を知る手がかりとなる。

放射性年代（ほうしゃせいねんだい）　特定の元素の中で、質量数が異なる不安定な放射性同位体が、時間とともに一定の割合で原子が壊れていくことなどを利用して測定される年代のこと。炭素14法、カリウム・アルゴン法、フィッション・トラック法などがある。

ポットホール（甌穴（おうけつ））　川床や川岸の岩盤に見られる円形の深い穴。岩石の割れ目やくぼみに入った小石が、水流によってころがりながら円形に浸食したもの。

【ま】

マグマ　地下に存在する、岩石がどろどろに溶けたもの。温度は地下の圧力や水の有無によって変わるが、1000℃ほど。冷えて固まると火成岩になる。

枕状溶岩（まくらじょうようがん）　丸みをおびたかたまりからなる溶岩。粘り気の少ない溶岩が水中に噴出したときにできやすい。中心部から放射状の節理が発達する。

松浦武四郎（まつうらたけしろう）　江戸時代末～明治の探検家。北海道には6回訪れて調査を行い、多くの記録を残した。北海道の名付け親。

マントル　地球表層の地殻と中心部の核（コア）の間にある層で、深さ約2900kmまで。おもにかんらん岩からなり、地球の全体積の83%を占める。

マンモスゾウ　約7万～4000年前に存在していた絶滅したゾウの一種。ロシアのシベリアなどでは氷漬けの遺体が発見されている。

メタセコイア　スギ科の裸子植物。古第三紀には北半球に広く分布し、日本では石炭の原料のひとつとなった。絶滅種と思われていたが、1945年に中国四川省で現生種が発見され、“生きている化石”といわれている。

メランジュ　様々な種類の岩石が複雑に混じり合った地質体をいう。もとは混合を意味するフランス語。日本語ではメランジ、メランジェともいう。

モササウルス　中生代白亜紀後期に繁栄した海生は虫類。ウミトカゲともいう。

【や】

有色鉱物（ゆうしょくこうぶつ）　透明・白色以外の色がついている鉱物。

溶岩（ようがん）　地表に噴出したマグマ、またはそれが固結したもの。

溶岩円頂丘（ようがんえんちょうきゅう）　粘り気のある溶岩が噴出して急傾斜の丘状になった火山。溶岩ドームともいう。

溶岩堤防（ようがんていぼう）　溶岩流の側端部にできた連続した高まり。

溶結（ようけつ）　一度堆積した火山灰などの粒が、高温のためにとけ出し、粒どうしがくっつき合うこと。火山の火口付近の堆積物や、火砕流堆積物で起こる。

溶結凝灰岩（ようけつぎょうかいがん）　火口から噴出した火山灰や軽石が、高温を保って堆積したために再び粒がくっつき合って固まってできた凝灰岩。強溶結した部分には、押しつぶされた軽石やスコリアがレンズ状のガラスとなっていることがある。

【ら】

ラミナ　葉層（ようそう）・葉理ともいう。地層の断面に見られる細かな筋状のもので、粒の大きさや色などの違ううすい層が積み重なるためにできる。

藍閃石（らんせんせき）　アルカリ成分の多い角閃石の一種。低温高圧型の変成岩に見られる濃青色の鉱物。

藍閃石片岩（らんせんせきへんがん）　藍閃石をふくむ結晶片岩。原岩は玄武岩質の火成岩と考えられている。

陸棚（りくだな）　海岸線と大陸斜面の間の水深200mよりも浅い平坦な海底。氷河時代に海水面が低下したときにつくられた。

リップルマーク　水流、波、風などによって砂の表面につくられる規則的な波模様。

隆起（りゅうき）　土地が広い範囲にわたってもち上がること。（⇔沈降）

れき　いわゆる“石ころ”のこと。2mm以上の大きさのものはすべてれきという。

緑色岩（りょくしょくがん）　海底火山活動にともなって噴出した玄武岩質の岩石が変質して緑色になった岩石。

緑色片岩（りょくしょくへんがん）　低変成度の緑色をした結晶片岩。

緑れん石（りょくれんせき）　黄緑〜灰緑色をした柱状の鉱物。おもに広域変成岩にふくまれる。

瀝青炭（れきせいたん）　黒光りする代表的な石炭。石炭化度は無煙炭に次いで高い。

ロックフィルダム　堤体に岩石を積み上げて造ったダム。

肋骨（ろっこつ）　胸の骨、あばら骨。

露頭（ろとう）　地層や岩石が地表に現れている露出のこと。植物が生えていない崖や沢筋、河床に多く、地質調査のポイントになる。

本書掲載エリアの地質がわかるホームページ・博物館など

●**北海道地質百選**　http://www.geosites-hokkaido.org

●**日本ジオパークネットワーク**　https://geopark.jp/

●**三笠ジオパーク**　https://www.city.mikasa.hokkaido.jp/geopark/

●**国立研究開発法人産業技術総合研究所　地質調査総合センター**
https://www.gsj.jp/

●**北海道立教育研究所附属理科教育センター**
〒069-0834 江別市文京台東町42　TEL 011-386-4534
http://www.ricen.hokkaido-c.ed.jp/ht/340chigaku/index.html

●**北海道大学総合博物館**
〒060-0810 札幌市北区北10条西8丁目　TEL 011-706-2658
https://www.museum.hokudai.ac.jp/

●**北海道博物館**
〒004-0006 札幌市厚別区厚別町小野幌53-2　TEL 011-898-0466
http://www.hm.pref.hokkaido.lg.jp/

●**三笠市立博物館**
〒068-2111 三笠市幾春別錦町1-212-1　TEL 01267-6-7545
https://www.city.mikasa.hokkaido.jp/museum/

●**夕張市石炭博物館**
〒068-0401 夕張市高松7　TEL 0123-52-5500
http://coal-yubari.jp

●**滝川市美術自然史館**
〒073-0033 滝川市新町2丁目5-30　TEL 0125-23-0502

●**沼田町化石体験館**
〒078-2225 雨竜郡沼田町幌新381-1　TEL 0164-35-1029
http://numata-kaseki.sakura.ne.jp/

●**美唄市郷土史料館**
〒072-0025 美唄市西2条南1丁目2-1　TEL 0126-62-1110

●**ゆめっく館**
〒069-1205 夕張郡由仁町中央202　TEL 0123-83-3803

●**上富良野町郷土館**
〒071-0541 空知郡上富良野町富町1丁目3-30　TEL 0167-45-3158

●**丘のまち郷土学館・美宙**
〒071-0205　上川郡美瑛町栄町4丁目1-1　TEL 0166-74-6116

●**十勝岳火山砂防情報センター**
〒071-0235　上川郡美瑛町字白金　TEL 0166-94-3301

●**星の降る里百年記念館**
〒075-0014　芦別市北4条東1丁目1-3　TEL 0124-24-2121

[参考・引用文献]

『1:25,000都市圏活断層図　富良野断層帯とその周辺「富良野北部」』杉戸信彦・池田安隆・岡田篤正・後藤秀昭・平川一臣・宮内崇裕　国土地理院技術資料　D1-No.579　2011
『1:25,000都市圏活断層図　富良野断層帯とその周辺「富良野南部」』後藤秀昭・池田安隆・杉戸信彦・中田　高・平川一臣・宮内崇裕　国土地理院技術資料　D1-No.579　2011
『地学ハンドブックシリーズ・8　生痕化石調査法－古生物の生活を探る－』　大森昌衛編・地学団体研究会生痕化石研究グループ　地学団体研究会　1993
『地球科学選書　火山』横山　泉・荒牧重雄・中村一明編　岩波書店　1992
『地質あんない　道北の自然を歩く』道北地方地学懇話会　北海道大学図書刊行会　1995
『地質あんない　札幌の自然を歩く（第2版）』地学団体研究会札幌支部　北海道大学図書刊行会　1984
『地質あんない　空知の自然を歩く』岩見沢地学懇話会　北海道大学図書刊行会　1986
『大地にみえる奇妙な模様』小疇　尚　自然史の窓6　岩波書店　1999
『恵比島地域の地質　地域地質研究報告（5万分の1地質図幅）』渡辺真人・吉田史郎　地質調査所　1995
『富良野盆地周辺の活断層と金山付近の活褶曲』柳田　誠・平川一臣・大内　定・貝塚爽平　地理学評論　58(Ser.A)-4　p.255-265　1985
『岩石と地下資源』新版地学教育講座4巻　地学団体研究会『新版地学教育講座』編集委員会編　東海大学出版会　1995
『5万分の1地質図幅説明書　旭川』鈴木　醇　北海道開発庁　1955
『5万分の1地質図幅説明書　深川』鈴木　醇　北海道開発庁　1953
『5万分の1地質図幅説明書　岩見沢』松野久也・田中啓策・水野篤行・石田正夫　北海道開発庁　1964
『5万分の1地質図幅説明書　国領』佐藤博之・秦光男・小林　勇・山口昇一・石田正夫　地質調査所　1964
『5万分の1地質図幅説明書　西徳富』秦　光男・佐藤博之・垣見俊弘・山口昇一・小林　勇　地質調査所　1963
『5万分の1地質図幅説明書　滝川』小林　勇・垣見俊弘・植村　武・秦　光男　北海道開発庁　1957
『5万分の1地質図幅説明書　当麻』鈴木　守・藤原哲夫・浅井　宏　北海道開発庁　1966
『5万分の1地質図幅説明書　夕張』佐々保雄・田中啓策・秦　光男　北海道開発庁　1964
『北海道中央部、旭岳の形成史:特に完新世、後期活動の水蒸気噴火履歴および噴火様式について』石毛康介・中川光弘・石塚吉浩　地質学雑誌　第124巻　第4号　p.297-310　2018
『北海道中央部、大雪火山群、旭岳サブグループの後期更新世～完新世火山活動史』石毛康介・中川光弘　地質学雑誌　第123巻　第2号　p.73-91　2017
『北海道中央部、十勝岳火山の最近3,300年間の噴火史』藤原伸也・中川光弘・長谷川摂夫・小松大祐　火山　第52巻　第5号　p.253-271　2007
『北海道、富良野―旭川地域の火砕流堆積物の層序と対比』池田保夫・向山　栄　地質学雑誌　第89巻　第3号　p.163-172　1983
『北海道神居古潭構造帯、夕張岳周辺の蛇紋岩メランジェ(英文)』中川　充・戸田英明　地質学雑誌　第93巻　第10号　p.733-748　1987
『北海道夏山ガイド⑤　道南・夕張の山々』梅沢俊・菅原靖彦・長谷川哲　最新第3版　北海道新聞社　2016
『北海道の地名』山田秀三　北海道新聞社　1984
『北海道の地名』日本歴史地名大系第一巻　平凡社　2003
『北海道の活火山』勝井義雄・岡田　弘・中川光弘　北海道新聞社　2007
『北海道の川の名』山田秀三　電通北海道支社　1971
『北海道の火山　フィールドガイド　日本の火山③』高橋正樹・小林哲夫編　築地書館　1998
『北海道の湿原』辻井達一・岡田　操・高田雅之　北海道新聞社　2007
『北海道の湿原と植物』辻井達一・橘ヒサ子編　北海道大学出版会　2003
『北海道の山　大雪山・十勝連峰』伊藤健次　ヤマケイ・アルペンガイド1　山と渓谷社　2013
『北海道沼田町産海生哺乳類化石群の年代と古環境』古沢　仁・前田寿嗣・山下　茂・嵯峨山積・五十嵐八枝子・木村方一　地球科学　47巻2号　p.133-145　1993
『北海道自然探検　ジオサイト107の旅』石井正之・鬼頭伸治・田近　淳・宮坂省吾編著　日本地質学会北海道支部　北海道大学出版会　2016
『北海道雨竜郡沼田町の下部鮮新統産クジラ化石』木村方一・山下　茂・上田重吉・雁沢好博・高久宏一　松井　愈教授記念論文集　p.27-57　1987
『生きている火山　十勝岳』北海道開発局旭川開発建設部　1992
『石ころ博士入門』高橋直樹・大木淳一　全農教観察と発見シリーズ　全国農村教育協会　2015
『上川支庁管内の地質と地下資源Ⅰ　上川地方南部』北海道立地質研究所　2008
『上川支庁管内の地質と地下資源Ⅱ　上川地方中部』北海道立地質研究所　2009
『改訂版　太古の北海道－化石博物館の楽しみ』木村方一　北海道新聞社　2007
『火山土地条件図「十勝岳」』国土地理院　1990
『球状コンクリーションの科学』吉田英一　近未来社　2019
『妹背牛地域の地質　地域地質研究報告（5万分の1図幅）』小林　勇・秦　光男・山口昇一・垣見俊弘　地質調査所　1969
『日本地質学会第101年学術大会見学旅行案内書』日本地質学会第101年総会・年会準備委員会　1994
『日本地質学会第114年学術大会見学旅行案内書』新井田清信・川上源太郎・在田一則・宮下純夫編　日本地質学会　2007

『日本化石図譜』鹿間時夫　朝倉書店　1964
『日本の地形2　北海道』小疇　尚・野上道男・小野有五・平川一臣　東京大学出版会　2003
『日本の地質1　北海道地方』日本の地質『北海道地方』編集委員会編　共立出版　1990
『日本の地質　増補版』日本の地質増補版編集委員会編　共立出版　2005
『日本列島ジオサイト地質百選』㈳全国地質調査業協会連合会・㈵地質情報整備・活用機構（GUPI）共編　オーム社　2007
『20万分の1数値地質図幅集「北海道北部」』産業技術総合研究所　地質調査総合センター　2003　CD-ROM
『20万分の1数値地質図幅集「北海道南部」』産業技術総合研究所　地質調査総合センター　2003　CD-ROM
『ポケット図鑑　日本の化石』小畠郁生監修　成美堂出版　1993
『理科年表読本　空からみる日本の火山』荒牧重雄・白尾元理・長岡正利　丸善　1989
『札幌の自然を歩く（第3版）道央地域の地質あんない』宮坂省吾・田中　実・岡　孝雄・岡村　聡・中川充編著　北海道大学出版会　2011
『新版　地学事典』地学団体研究会編　平凡社　1996
『シリーズ・自然にチャレンジ6　ぼくらの洞くつ探検』地学団体研究会『シリーズ・自然にチャレンジ』編集委員会　大月書店　1987
『タキカワカイギュウ調査研究報告書』タキカワカイギュウ関連地質調査団編　滝川市教育委員会　1984
『タキカワカイギュウの研究－500万年前のメッセージ－』古沢　仁　滝川市美術自然史館　1989
『十勝岳北西麓で新たに発見された4,700年前の火砕流堆積物と十勝岳の完新世の活動の再検討』藤原伸也・石塚吉浩・山崎俊嗣・中川光弘　火山　第54巻　第6号　p.253-262　2009
『十勝岳火山地質図』石塚吉浩・中川光弘・藤原伸也　産業技術総合研究所地質調査総合センター　2010
『十勝岳　火山・砂防』北海道開発局旭川開発建設部　2003
『揺れ動く大地　プレートと北海道』木村　学・宮坂省吾・亀田　純　北海道新聞社　2018

あ　と　が　き

北海道の観光地を訪れる人たちに、この雄大な自然がどのようにしてできたのか、実際に目にすることができる地形や地質を手がかりに、少しでも知ってもらいたいという思いから、新たなエリアの『地形と地質』の出版をめざして調査を行ってきました。それから6年が経過し、ようやく一冊の案内書としてまとめることができました。本書に取り上げたコースには、私自身が初めて訪れた地点や専門外の地質のところも数多く、様々な文献から情報を集めながら調査にあたったため、参考・引用文献数が多くなってしまいました。調査の過程で発見したことや多くの人たちにも見てほしいところは、できるだけコースに取り入れました。また、読者の理解を助けるために、写真や図は、それぞれ1枚を除きすべてオリジナルのものを掲載しました。もし本書の解説等に間違いがありましたら、それはひとえに私個人の力不足によるものですので、ご容赦願います。

本書の編集にあたり、札幌市博物館活動センターの古沢仁学芸員には素稿全体に細かく目を通していただきました。沼田町の篠原暁氏ならびに沼田町教育委員会の松井佳祐学芸員には、沼田町周辺の調査に同行していただきました。旭川市教育委員会の向井正幸氏には旭川市内の露頭について、また北海道開発局旭川開発建設部の皆様にはフィルダムの構造についてご教示いただきました。北海道新聞社事業局出版センターの横山百香氏には、編集の細部にわたりご配慮をいただきました。以上の皆様に記して心よりお礼申し上げます。

2020年3月　　著者

前田 寿嗣（まえだ としつぐ）

1958年、札幌生まれ。日本地質学会会員。
北海道教育大学札幌分校卒業後、札幌市内の小中学校や札幌市青少年科学館に勤務。
2019年3月末、札幌市立北野中学校校長を最後に定年退職。
石狩平野南部に分布する火山灰や、クッタラ火山の噴出物、空知周辺の新第三紀の凝灰岩の研究を行う。地形・地質を通した身近な自然の見方を広めるため、普及書の作成を進めている。
著書に『新版 歩こう！札幌の地形と地質』『行ってみよう！道央の地形と地質』(北海道新聞社)、共著書に『札幌の自然を歩く(第2版)』(北海道大学図書刊行会)、『北海道5万年史』、『続・北海道5万年史』(郷土と科学編集委員会)、『化石ウォーキングガイド全国版』(丸善出版株式会社)がある。

本書に掲載の地形図および鳥瞰図は、カシミール3D(杉本智彦氏・作)を使用しました。
http://www.kashmir3d.com

カバーデザイン　佐々木 正男（佐々木デザイン事務所）
本文デザイン・DTP　青柳 早苗　（中西印刷株式会社）

見に行こう！ 大雪・富良野・夕張の地形と地質

発行日　2020 年 3 月 26 日　初版第 1 刷発行
著　者　前田 寿嗣
発行者　五十嵐 正剛
発行所　北海道新聞社
〒 060-8711　札幌市中央区大通西 3 丁目 6
出版センター　（編集）TEL. 011-210-5742
（営業）TEL. 011-210-5744
印刷　中西印刷株式会社
製本　石田製本株式会社
ISBN978-4-89453-980-8

P.76
P.30
鷹栖町
比布町
比布J.C.T
P.24
沼田町
深川留萌自動車道
旭川北I.C
旭川鷹栖I.C
P.70
深川市
秩父別町
P.12
P.23
P.18
旭川市
暑寒別岳
P.85
P.80
雨竜町
深川I.C
深川J.C.T
P.75
イルムケップ山
東川
東神楽町
新十津川町
P.69
滝川市
赤平市
P.64
P.92
上富良野町
P.108
芦別市
中富良野町
道央自動車道
P.96
P.117
P.122
富良野西岳
美唄市
P.124
富良野
三笠I.C
三笠市
岩見沢I.C
岩見沢市
南富良野町
P.136
夕張岳
江別東I.C
栗山町
P.130
夕張市
道東自動車
P.143
由仁町
P.144
夕張I.C
恵庭I.C
千歳恵庭J.C.T